ITAI YANAI
MARTIN LERCHER

THE
SOCIETY
OF
GENES

基因社会

哈佛大学基因课

以太·亚奈 / 马丁·莱凯尔 ——— 著　尹晓虹 黄秋菊 ———译

江苏凤凰文艺出版社
JIANGSU PHOENIX LITERATURE AND
ART PUBLISHING, LTD

图书在版编目（ＣＩＰ）数据

基因社会 /（美）以太·亚奈（Itai Yanai），（美）
马丁·莱凯尔（Martin Lercher）著；尹晓虹，黄秋菊译. --
南京：江苏凤凰文艺出版社，2017.7（2020.8重印）
书名原文: THE SOCIETY OF GENES
ISBN 978-7-5594-0729-0

Ⅰ. ①基… Ⅱ. ①以… ②马… ③尹… ④黄… Ⅲ.
①基因组 - 研究 Ⅳ. ①Q343.2

中国版本图书馆CIP数据核字（2017）第138574号

著作权合同登记号　图字：10-2017-252

书　　　名	基因社会	
作　　　者	以太·亚奈（Itai Yanai） 马丁·莱凯尔（Martin Lercher）	
译　　　者	尹晓虹　黄秋菊	
责 任 编 辑	邹晓燕　黄孝阳	
出 版 发 行	江苏凤凰文艺出版社	
出版社地址	南京市中央路 165 号，邮编：210009	
出版社网址	http://www.jswenyi.com	
印　　　刷	北京盛通印刷股份有限公司	
开　　　本	690 毫米 × 980 毫米　1/16	
印　　　张	17	
字　　　数	250 千字	
版　　　次	2017 年 8 月第 1 版　2020 年 8 月第 5 次印刷	
标 准 书 号	ISBN 978-7-5594-0729-0	
定　　　价	49.80 元	

目录

THE
SOCIETY OF GENES

　　我们的晚餐并非来自屠夫、酿造师或是面包师的恩惠，而是来自他们对自身利益的关切。

——亚当·斯密

　　源远流长的基因社会和人类社会有着不可分割的联系。基因社会塑造着你的身体和头脑，影响着你的本能和欲望。这一社会引领人类走到现在，但却并不一定掌控着人类的未来。若想理解基因是如何影响我们的——并找寻人性逾越基因之上的方法——你也许会设想，我们得搞清每个基因的作用。

　　但这种方法并不会奏效，因为我们人类并不是基因的单纯加和。基因社会中的成员并非独立存在。它们需要协作，树敌结友，只有这样，基因才能组成人体，用以维持自身长达数十年的生存，并在人类中代代相传。

约 250 年前，亚当·斯密（Adam Smith）就意识到，正是个体利己行为的相互作用，才使得市场变得如此高效。与此类似，为了持久的存活，基因间产生了竞争与合作，而人类整体才因此得以持续生存。

过去难以想象的基因组信息也在现代科技下不断积累，揭示了基因社会的大体架构。其中有厂房车间里辛勤劳动的个体，比如血红蛋白（hemoglobin），其将氧分送入细胞中焚烧。还有聚合酶，其能忠实地复制出其他基因。其中还包括一些信使，例如成纤维细胞生长因子受体 3 基因（*FGFR3*），其能接收和传递生长信号；当其出问题时，则会导致遗传疾病的产生。管理者们也在其中，例如叉头框 P2 基因（*FOXP2*），其能对掌控语言能力的基因发号施令。

此外，还有 *SOX9* 基因，当它出问题时，会使女孩发育出正常情况下只有男性才会有的体征。基因社会中还存在着大批利用其他基因坐享其成的懒汉，LINE1 元件就是其一，它在我们的基因组中随意撒播了几十万个自己的分身。此外，其中也不乏危险分子，譬如乳腺癌 1 号基因（*BRCA1*）的某些突变版本，它们会增加女性携带者患乳腺癌的几率。

探秘人类基因组，关键就在于掌握这些基因的动向。我们会发现，基因组实际上是由复杂的合作网络联结在一起的利己基因集合。这本书讲述的，正是这个基因社会的故事：几许成功，几许失败，永恒不变的是基因之间的冲突与合作。

基因的社会规则

我们初识于海德堡的欧洲分子生物学实验室。而在大约 20 年前——远远早于我们的初次会面——我们二人都拜读了理查德·道金斯（Richard Dawkins）在 1976 年出版的《自私的基因》这一经典著作。这本书改变了我们的生活。那时，我们一个在研究计算机，另一个在研究物理，但我们都离开了自己的领域，开始研究演化生物学。道金斯的这本书用宏大的视角描述了生物的本质——生存机器，"一种作为载体的机器人，其程序是盲目编制的，为的是保存所谓基因这种秉性自私的分子"。这令人瞠目结舌的真相由于演化①的时间尺度之大而不为人们所觉，直到今天仍让人感到

① 演化（evolution），亦译为"进化"。但在生物学中，"evolution"一词的准确意思是生物种群的可遗传性状由于自然选择而发生改变的过程，重在演变，并无"进""退"之分。因此，"演化"一词较"进化"更符合"evolution"的准确词义，故本书中"evolution"一词均译为"演化"。

吃惊。正如量子力学现象所表现出的长度尺度十分微小，因此其怪异的统计方式让人无所适从，生物的本质也可能同样令人难以接受。

道金斯写下《自私的基因》的时候，并没有基因组信息可供分析研究。道金斯借助基础原理以及其他科学家由基础原理导出的理论构建了整本书的逻辑。即使在基因组革命后，《自私的基因》的内容也被证明基本是正确的。

基因组革命公开了大量基因组序列以供人们研究，让我们拥有了这一生物信息宝库。第一组基因组序列精确显示了某生存机器的基因组构成。随着越来越多物种的基因组被公布，人们得以对其进行对比研究，发现这些基因组之间的相似与不同之处。反过来，这些发现又能帮助我们推测基因是如何演化的。对于我们人类自身，已有数百个人的基因组序列可供研究。

随着时间的推移，我们认识到，如果想深入理解各个生物体系和其演化过程，那么我们必须用整体的视角看待问题。基因的行为确实称得上自私，但基因和人类一样，并非孤立存在，任何基因都不能仅靠自己过活。基因必须相互合作，共同构建和经营一个又一个的生存机器，才能长久地生存。

所有人类基因组都由同样的基因组成，但单个基因在不同个体中的拷贝有可能因为变异而产生差异，并且同一基因的不同拷贝之间也为了争夺未来几代人类基因组中的最高地位而进行着激烈的竞争。由于基因间有着复杂的相互作用，有着合作和竞争，因此在整本书中，我们将所有基因均视为一个社会中的成员。这种"自私的基因"的概念引领着我们取得了21世纪的无数进步。如果我们延伸这种概念，将基因的整个"社会"都考虑进来，那么接下来将更易取得进展。

道金斯十分清楚这种观点的重要性。实际上，马特·里德利（Matt Ridley）在1996年出版的《美德的起源》一书中就有一与此有关的章节，名为"基因社会",表明生存机器正是许多基因相互协作所创造出的产物。然而,那时人们并未对基因间的相互作用进行仔细研究,也就无从得到清晰的理解。

马文·闵斯基(Marvin Minsky)的《精神社会》一书阐释了智能源于单个智能体的活动这一理论。与此类似,我们将在本书中阐释个体基因间关系的总和是如何影响基因组的。我们会用全面的生物视角进行观察,对"基因社会"的概念进行详细解读,从人体内部某单细胞的演化开始,随后扩展到更宏观的时空尺度,直至追溯到生命之初。

本书是为广大读者而作,并不需要读者具备生物方面的背景知识。同时,我们为理解基因和基因组的演化提供了新的视角,因此希望本书也可以吸引生物研究方面的同行关注。就像《自私的基因》一书激发了我们的兴趣一样,如果本书能引发学生对基因组研究的兴趣,我们将感到无比高兴。

我们的一位朋友有个特别的习惯,他在读小说时总喜欢先跳到结尾进行阅读。他的理由是:如果在读完整本书之前他不幸去世,至少他也知道了故事的结局。尽管这听起来有些奇怪,但我们还是在此摒去不必要的曲折,写下本书的摘要,表明我们的大致论点——应用"基因社会"这一类比对关于生命系统的思考是相当有帮助的。

我们在开篇介绍了基因合作失败而导致的灾难性后果。癌症是一种基因组疾病。基因组这一包含 60 亿个字母的"百科全书"记录了构建人类所需的全部信息。在讨论癌症的病因时,第一章引出了本书中的几个主要角色——增殖以构建身体的细胞、基因,以及调控基因的基因间相互作用,还有由于基因字母序列发生改变而导致的突变。这一切为演化提供了原料和基础。

癌细胞必须在积累了多个特定的基因突变后才会具有杀伤力，这些突变一起合作以加速癌细胞的生长，每种突变都会突破身体阻止细胞失控增殖的某一道防线。某个细胞一次性获得这些突变的情况是极不可能的。那么为何癌症发病率如此之高呢？要解答这个令人痛苦的谜题，关键在于由查尔斯·达尔文最早提出的自然选择理论。一旦某个细胞获得了一种致癌突变，它就会比临近的细胞分裂得更快。最终，该细胞的后代将会变得数量众多，使得下一种突变出现在其中的情况变为可能。如此一来，基因组对抗癌症的防线就像多米诺骨牌一样纷纷倒下了。

正如癌症的行动规律所示，基因组并非是固定不变的；基因组甚至会在人的一生中不断变化。第二章引入了基因社会这一类比——由人类基因组中基因的各种不同拷贝组成的"共同体"。所有的社会都应定义其范围，在区分基因社会成员和潜在危险入侵者的基因时，细菌和脊椎动物的免疫系统提供了两套不同的方案。

这两种免疫系统的原理相同，均是将潜在的外源基因或其产物与基因组中已储存的样本对比而进行区分的。人类免疫系统遵循的是自然选择规律。与我们自身的免疫系统相比，细菌那巧妙的免疫系统直接将当前入侵者的信息输入其基因组内——这是环境直接改变基因组的鲜有示例。在较短的时间尺度内来讲，这种拉马克式的法则①在人类中也有体现：当一个母亲为孩子哺乳时，她就将自身辛辛苦苦发展出的重要免疫能力转移给

---

① 法国博物学家让－巴蒂斯特·拉马克（Jean-Baptiste de Monet, Chevalier de Lamarck，1744—1829）是生物进化理论的先驱，他提出了拉马克学说，这一学说提出了两个原则："用进废退"说和获得性遗传。他认为生物经常使用的器官会在后天逐渐变发达，且这种后天获得的变化是可以遗传的。尽管这一学说后来被遗传学证据所否定，但不可否认其在进化生物学史上的先驱地位。

了孩子。

对一个基因来说，只要能在下一代中获得一席之地，连杀戮也在所不惜。这就是"毒药"基因和"解药"基因共同生存下来的方式——杀死那些并未携带其拷贝的精细胞和卵细胞。第三章介绍了基因社会为打击这些作弊行为而演化出来的种种手段，如此才能让所有的基因拷贝有平等的机会进入下一代。只有这样彻底的平等主义设计才能保证有性生殖成为有效的繁殖手段。

乍看之下，有性生殖似乎并不是个好主意：母亲一方并不能再克隆自身，而是妥协为将其一半基因组遗传到下一代，而下一代还要继承奉献无多的父亲那一半基因组。但从以百万年为基本单位的基因发展历史来看，有性生殖其实是个绝妙的方法。在不断变化的世界中，一代代不断尝试新型基因组合的方式利大于弊。基因的创新中有绝大部分来自父亲——基因复制的错误多半来源于生产精子过程中的多轮细胞分裂，而这些复制错误大部分是有害的。

基因社会中影响基因拷贝命运的因素有很多，自然选择确实是其中重要的因素，但却并非唯一因素。正如第四章所讲，随机性就发挥了同样重要的作用。想一想以下明显存在的矛盾：地球上任何两人的基因组基本都是 99.9% 相同，但人们却常常认为其他人与自己是如此不同——近乎是不同的物种。

不同地区人们的基因组所呈现的微小差异告诉我们人类是如何在过去十万年中从非洲迁移到全世界的，但也同时告诉了我们人类是如何适应不同地区的当地环境的。肤色体现了紫外线辐射保护与利用阳光合成维生素 D 之间的精妙平衡；而乳糖耐受与否则和制乳畜牧业的发展有关。这两个例子显示出环境会选择同一基因中更有用的版本，从而使之在某一地区处支配地位。

但大部分基因组中的差异却并无实际的影响——这些差异对应的基因拷贝是中立的旁观者，它们之所以没有被淘汰掉，往往是由于基因组上位置邻近的基因社会成员在演化上获得了成功，使它们顺便被保留了下来。有些基因会使人对那些与自身基因相差较大的人产生偏见，即种族歧视，而这些基因在自然选择的作用下被保留了下来。但要弄清的一点是：控制这种行为的基因是为了其自身私利而行事的，哪怕它们的私利对人们自身不利，对整个人类来讲也不利。

基因社会中的基因形成了一张复杂的关系网。每项功能往往需要多个基因的共同合作，而大部分基因则身兼数职。第五章展示了基因和人体特征之间复杂的组织结构图。尽管人类有许多遗传病均可归因于某个基因的失灵，但一般情况下，疾病往往是由于多个基因社会成员间的失衡互动所引起的，其中往往还有环境在起作用。

此外，由于基因多效性，同一基因中的不同突变会导致相差甚远的症状，例如性逆转和面部畸形。基因间复杂的相互作用不仅体现在病因上，还体现在能掌控着基因社会中像人类和细菌这样不同的生物。

基因社会不会停滞不前。新出现的河流会阻碍河两岸的生物种群进行交配，从而将一个社会分成了两个社会，而这两个社会只能随着时间的推移而变成两个不同的物种。形成新物种的关键在于：河两岸两个基因社会的基因成员们无法再继续合作。在第六章中，我们阐释了演化是如何将古猿分化为现代人和黑猩猩两种物种的。人类祖先与黑猩猩祖先的基因社会究竟是从哪一刻起开始不再相容的？

是否可能有人类和黑猩猩的杂交物种（猩人，"chuman"①）存在？在今天看来，这种推断像是无聊小报上的花边新闻，但是将人类和黑猩猩的基因组进行仔细对比后，我们确实发现了远古的丑闻。这种在新形成的物种间发生的丑闻在距今不久之前也曾出现：最后一个猩人消失后的数百万年后，"现代"人在非洲之外的地区与尼安德特人重逢。尽管我们一般将尼安德特人归为欧亚两洲土著类猿兽，但尼安德特人和人类移民一定对彼此怀有巨大的好感。我们基因组中遗留的痕迹证明两个群体间有过亲密交往，这也使得人类对欧亚两洲的病菌有了抵抗力。

基因社会中的成员可大致分为管理者和工作者。管理同一批基因上的方式稍有不同，就能带来巨大的创新。据此，第七章论述了区分不同物种的不是其工作者基因，而是其管理者基因这一论点。基因管理层发生的变化催生了各种创新，例如人类的语言或人类与其他物种相比占身体比重更大的大脑。

同源基因（*HOX genes*）是人体和大部分动物体的最高层建筑管理者。当同源基因被突变破坏后，可能会导致果蝇的腿长到头上。尽管细菌无腿也无头，但有些细菌却能变成坚韧不摧的时间胶囊，在困难时期保持蛰伏状态以保生存。监控细菌这种变化过程的管理者基因也正是同源基因的远房表亲。

基因社会如何招募新成员呢？第八章解释了这个过程：基因社会复制已有基因，让新的拷贝发展出与原始基因不同的新功能。因此，我们基因组中很大一部分都是其他基因的"修订版"。这种复制模式极其成功，例

---

① 原文为"chuman"，此为作者在本书中新创词，用"chimpanzee（黑猩猩）"和"human（人类）"两个词结合而成。

如色觉基于的是来源于同一基因的三个拷贝，而嗅觉基于的是来源于同一基因的数百个拷贝。细菌也经常使用类似的策略来扩张其基因社会——它们会复制其他细菌基因组中的基因，这也算是一种知识产权剽窃吧。如此，细菌可以吸纳新成员至其基因社会，从而产生抗生素耐药性或迅速利用新的能量来源。

基因社会可分化以形成新物种，基因社会也可以相互融合——这会带来不错的效果。在第九章里我们可以看到，我们的细胞实际上是由两种不同的细菌经过十亿年的融合而形成的产物。在这一共生关系中，相融合的基因社会所演化的方向是其上一代所无法企及的。人体中的任何细胞基本上都只是一种细菌（古细菌，archaebacterium）的放大版本，而古细菌则容纳了许多另一种类的细菌（真细菌，eubacteria）以获取能量。通过十亿年的密切接触，房客细菌的基因组很好地融入了房东细菌的基因组中。与成功的企业合并案道理相同，融合后的整体要比其各部分总和更有力量。

不劳而获者必然是社会的毒瘤。如第十章所述，基因社会里各种各样的不劳而获者在过去 40 亿年中利用细胞的生命形式得以存活。这种行为对基因社会的影响之一体现在人类基因组的过大规模上。多种能够在基因组中复制粘贴自身的基因让整个基因社会不堪重负，这些基因对人类生存并无裨益，却仍旧留存在基因社会中。

这种不劳而获的现象十分普遍：正是由于这样寄生式的基因序列，洋葱基因组的规模是人类基因组的五倍。病毒的祖先（所有不劳而获者之母）一定将第一批简单有机分子进行了融合，有可能正是那些在 40 亿年前聚集在深海火山口周围岩洞内的简单有机分子。

这些只是本书接下来内容的大致框架。若想品读详细内容,请您继续阅读。

THE
SOCIETY OF GENES

第一章
八步轻松演化成癌

能力越大，责任越重。——伏尔泰

鲍勃·马利和哭泣者乐队让整个世界为雷鬼音乐疯狂，也让数以百万计的人们思索生活方式中的精神层面。不幸的是，马利 36 岁时便被迫中止了自己的事业，因皮肤癌逝世。在这之前的 4 年中，看似无害的癌症潜藏在一片脚趾甲之下，而马利认为那是踢足球时弄伤的。

医生坚持要求截掉脚趾，但马利却听不进去，从拉斯特法里教①的视角引用《旧约全书》中的语句："不应……在肉体上有一刀一划。" 由于没有受到任何抑制，肿瘤遵循着自然选择这一简单法则肆无忌惮地在马利体内扩散。假如马利当初懂得癌症的发展方式，他也许会及时切除肿瘤——这样的话，他也许还能活到 1994 年，参加"摇滚名人堂"的颁奖礼。

癌症也许是所有重大疾病中最令人闻风丧胆的一个，也绝对是最难防治的一个。尽管现代医学能够利用药物攻克多种疾病，但面对癌症，药物疗法却是困难重重。为何癌症的病因如此难以靶定呢？

癌症并非从身体外部展开攻势，也不只是身体内部的重大事故。与之

---

① 拉斯特法里教是 20 世纪 30 年代起自牙买加兴起的一个黑人基督教宗教运动。雷鬼乐深受拉斯特法里运动影响，同时，随着雷鬼音乐风靡全球，拉斯特法里运动也得到了广泛传播。

相反，癌症正是演化力量的体现。癌症遵循着一种无法摆脱的逻辑，即掌控着动植物物种演化的逻辑。作为基因社会故事中的序曲，本章将通过癌症这种恶性病来介绍细胞、基因和演化。

恶性肿瘤是我们身体上不可分割的一部分，正因为此才使得防治恶性肿瘤变得如此困难。我们可将人体视为一座建筑，这座建筑由数万亿个名为细胞的建筑模块构成。细胞间会交换养分和化学信号。每个细胞都类似一间小小的工厂，每种细胞都有自己专门的功能，所有细胞共同支撑着整个身体的运作。在癌症患者体内，有些细胞和身体其他部分停止了合作，转而开始失控地增殖。

构建身体的细胞有着自己的家谱。当已有的细胞一分为二时，新的细胞便产生了。你身体里所有的细胞都处在一个庞大的家谱中，这些细胞的源头就是你生命的初始细胞：你母亲体内的受精卵。图1.1展示了一条蠕虫的细胞家谱，这种动物可比人类的构造简单多了。这幅树状图展示了这种动物从单细胞开始，通过细胞分裂进行发育的过程。

一枚受精卵发育成一个完整的人的过程并不需要施工经理或建筑师的参与。所有的细胞在发育过程中都肩负着密切配合的责任，就像是建筑中的每块砖、每条电线、每条管道都对整体结构了然于胸，并且和周围的砖块商量自己该安置在哪个位置一样。

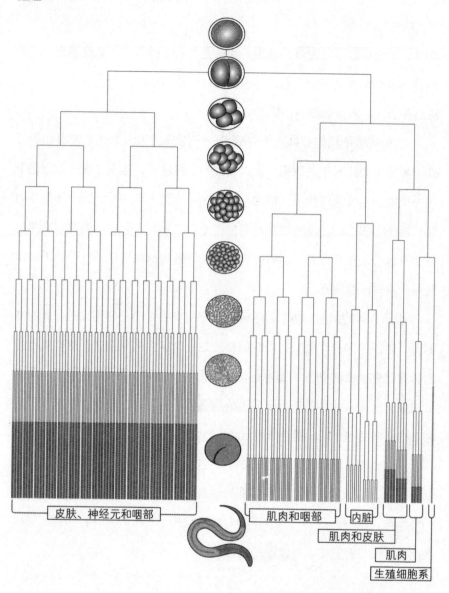

图 1.1: 图为名为秀丽隐杆线虫（*Caenorhabditis elegans*）的细胞谱系。秀丽隐杆线虫是一种小型圆虫（roundworm）。这种简单的动物可以在仅仅 13 小时内从一个单细胞（图顶）发育成由 558 个细胞组成的动物（图底）。中间部分的图画画的是其发展过程中的胚胎，圆圈代表的是细胞。胚胎图画的两侧是组成线虫的细胞的家谱——其细胞谱系。每条竖直的线条代表着一个正在生长的细胞，而每条水平的直线代表着一次细胞分裂。每个细胞群体都专门用于构建某种特定器官，例如喉咙（咽部）或神经细胞（神经元）。人体细胞谱系比这要大得多也复杂得多，但其原理是相同的。我们将在第三章讨论生殖细胞系。

癌症是患者的细胞谱系中的一支，是患者自身细胞过度繁殖产生的团块。每种癌症在一开始都是细胞谱系中的一个细胞。这个细胞及其后代细胞持续分裂，在本该停止分裂时仍不断继续。持续增殖的癌细胞扩散至身体各处，攫取氧气等重要资源。最终，癌细胞遍布全身，大量消耗体内的资源，于是身体其他部分由于资源匮乏而土崩瓦解，我们体内细胞间的分工合作走向灾难性的崩溃。

构成我们身体的细胞怎么知道何时该分裂，何时该停止呢？细胞的分工是个错综复杂的过程，需要精细的调控。如果我们脸上或手上一半的细胞仅仅再多分裂一次，我们就会有点像约瑟夫·梅里克（Joseph Merrick）了——他在 19 世纪依靠巡回展示自己的"象人"相貌而过活。这类多余的细胞分裂一般受到这些细胞所在身体部位的民主管控：只有当某细胞周围的细胞发出信号指示时，该细胞才能进行生长和分裂。

细胞间通过生长因子（growth factors）进行交流。生长因子是一种特定的信使分子（messenger molecules），它在细胞内生成，之后通过细胞膜输送出去。只有当一个细胞同时接收到周围多种不同细胞的信号时，这个细胞才能进行分裂。这种结合多重信号的方式是种保障，能够保护身体不受单个细胞的误导。

基因组疾病

因为癌细胞有别于其他细胞，它们在增殖时不会理会周围细胞的信号。每个细胞的核心——每个生命的核心，就是基因组。基因组是一系列名为染色体的脆弱分子构成的。每个人体基因组都可视为包含 60 亿字母的文本，这可比莎士比亚作品集总字数多出了上千倍。这些字母共分为 46 卷，每卷就是一个染色体。

我们的基因组天生就带着自己的备份拷贝——这 46 个染色体就是 23 对几乎两两完全相同的染色体，唯一的例外就是雄性携带的两个不成对的性染色体，名为 X 染色体和 Y 染色体。基因组文本只包含四个字母：A，T，C 和 G，即四种核酸碱基（nucleobases，或简称碱基）的缩写：A 指腺嘌呤（adenine），T 指胸腺嘧啶（thymine），C 指胞嘧啶（cytosine），G 指鸟嘌呤（guanine）。数百万的碱基连成一条链，形成了一种名为脱氧核糖核酸（deoxyribonucleic acid）或 DNA 的分子（见图 1.2）。

染色体由两条并排且紧密相连的分子链构成（见图 1.2）。两条分子链互为镜像：每条分子链上的 A 碱基对着另一条分子链上的 T 碱基，每条分子链上的 C 碱基对着另一条分子链上的 G 碱基。若将基因组信息视为一行行的字母，那么我们只需观察其中一条分子链，因为我们能够利用互补的镜像规则来轻松重构另一条分子链。为了了解人体基因组文本的样子，我们可以看看人体 9 号染色体的小片段：

…ACCAGTTCTCCATGATGTGAATTTTCCA

TTGTATGACTGAACCACAATATCTCAGGG

ACCCCATAAATAT…

这串字母本身并无太多有用信息，并且我们仍不了解如何完全解读这段文本中的字母。到目前为止，我们还未完整解读出一个基因组；事实上，我们还未完全理解这些编码的含义。

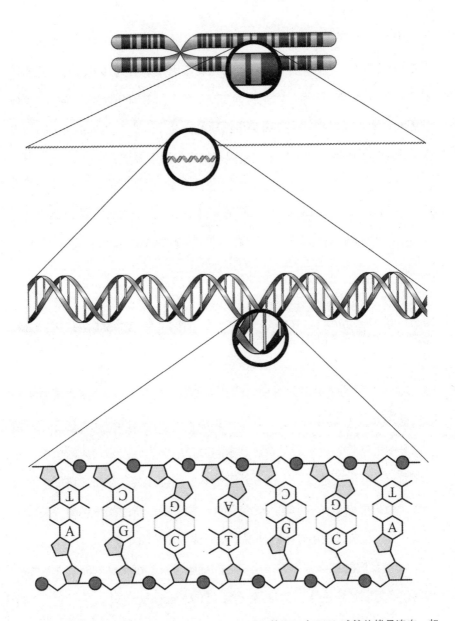

图 1.2：DNA 有四种碱基（或字母）：A、T、C、G。数百万个 DNA 碱基的拷贝连在一起，形成两条互补的链条（或称"链"）。染色体就是由这样的两条链组成的一个大型分子。在细胞的生命周期中，染色体的形状会发生改变。该图最上部是染色体最致密的形式，其 DNA 链紧紧挤压在一起。其下是染色体某部分的逐步放大图。最底部图中展示的是两条互补的链，其中 A 总是与 T 配对，C 总是与 G 配对。

任何人类语言的文本都可以划分为若干段落，而每个段落又或多或少有着连贯的思想。与此类似，我们可以将基因组划分为连贯信息下的非连贯片段，这些片段称为基因。约有 20000 个人体基因包含着准确的、类似蓝图的说明，用以指示生产名为蛋白质的大分子。蛋白质负责着细胞中多数具体功能。这些编码蛋白质的基因正是本书的主人公。

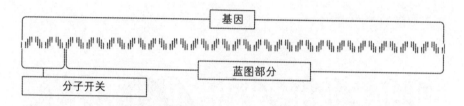

图 1.3：编码蛋白质的基因由蓝图和分子开关组成。蓝图用作生产蛋白质（编码序列）的模板，分子开关则用来开启或关闭蛋白质生产。

这些基因的字母序列可分为两类（见图 1.3）：一类是描述蛋白质构成的蓝图部分（编码序列），以及一类作为分子开关的部分。这些开关调节着基因的活性，决定着是否复制蓝图部分以作为生产蛋白质的模板，并控制着这种复制的速度。大部分基因都具备此类开关。在阅读接下来的内容时，请记得这点：一个基因既包含对于构建蛋白质的指导说明，又包含控制开关，控制开关能在不同情况下打开或关闭基因。

随着我们的细胞分裂并产出更多的细胞，对于每个细胞而言最重要的事情就是复制其染色体。DNA 聚合酶（DNA polymerase）是一种包含了数十个蛋白质的细胞机器。它会将 DNA 双链分开成两条单链，每条单链都是一条用于复制的模板。DNA 聚合酶会将新生成的互补镜像链组合到每一条模板链上，从而完成对一个染色体双链 DNA 分子的复制。

正如其他的分子一样，染色体有可能遭到损伤或破坏。举个关于铁的简单例子：当氧原子侵入并连入纯铁的原子时，它们会生成铁锈分子。区分铁锈和纯铁十分容易，并且，人们可以用铁锈转化剂通过化学方式将铁锈变为一层化学保护屏障。染色体上发生的多种变化与铁锈发生的变化有异曲同工之处，这类变化十分容易检测和修复。但修改 DNA 的方式不止这一种，例如，有时某字母会不小心换成了另一字母。负责错误校验的蛋白质经常会忽略这类突变，从而也无从修复。例如，以下就是我们刚刚看到的基因组序列中的一例突变：

（突变前）：…ACCAGTTCTCCATGATGTGAATTTT…

（突变后）：…ACCAGCTCTCCATGATGTGAATTTT…

这条碱基序列中的第六个字母由 T 变为了 C。这种小小的变化也许看起来并不起眼，但不妨看看下面这个经典例子，考虑一下一个排印错误所能带来的影响吧：

（突变前）：……我的王国换一匹战马[①]……

（突变后）：……我的王国换一座房子[②]……

人体基因中有整整百分之一是负责校对和改正染色体的。但即便在校对方面投入了这么多，DNA 复制却并非毫无瑕疵。每次细胞分裂都有 60 亿个字母对需要进行复制、检查和改正。在这样的一次复制环节中，一个特定的 DNA 字母对发生突变的可能性（突变率）约为 100 亿分之一。因此，每次进行基因组复制时，至少有一对字母发生错误的概率仍有约 70%。这是较为乐观的数字，因为这是在健康生活方式下估计出的数字。

---

① 出自莎士比亚《理查三世》中的经典台词。
② 英文中 HOUSE 和 HORSE 仅一字之差。

假如有害化学物质（例如香烟烟雾或烧焦的肉类中的物质）或暴露在紫外线辐射下（来自太阳光辐射或日光浴沙龙），人体基因组将遭到更多的改变。这类突变包括上文例子中的单个字母的调换，但在某些情况下，DNA 分子（整条字母链）的部分片段会被删除，或者被复制并被插入到基因组的某个看似随机选择的地方。正因为这些突变的存在，我们体内的基因组不只一类，而是有着数十亿相互略有差异的基因组，数十亿个细胞就有数十亿个基因组。

每进行一次基因组复制，错误就会积累一次。这类似于中世纪书籍的更迭——那时的书是通过手写进行复制的，每抄写一遍书籍，就会意外地引入一些变化。随着时间的推移，改变积累了下来，各种拷贝积累了和原作相异的意义。与此类似，基因组经过的复制次数越多，所积累了错误也就越多。更糟糕的是，突变可能会损伤基因进行校对和修复基因组的能力，从而进一步加速了突变的产生。

大部分的突变并没有任何明显的影响，就像将"王国"中的"国"变为"国"一样①，这并不会让文字变得难以辨读，或是让人曲解意思。但有时，人类基因的突变会让人眼的虹膜呈现出两种颜色。与此类似，几乎每个人都有胎记，这是因为我们的身体细胞在增殖以形成皮肤的过程中出现了突变。

但如果突变只是某一个细胞中基因组所发生的变化，那么为何虹膜的一小片细胞或整片皮肤——这些由众多个体细胞组成的部分，会同时受到影响呢？一个女孩的眼睛本应呈现棕色，但却出现了一小块蓝色，这是否意味着女孩虹膜中数百万的细胞里出现了同样的突变？答案的关键在于细

---

① 原文为"just like changing the i for a y in 'kingdom'"

胞谱系中：假如这一突变在形成虹膜的细胞谱系中出现得很早，那么虹膜上那一小片的细胞均会继承这一变化（见图 1.4）。

　　这一片细胞都能通过细胞谱系追溯到一个单一的始祖细胞（ancestral cell）那里。这片虹膜内的所有细胞都从始祖细胞那里继承了相同的突变，使得颜色发生改变，因此这些细胞共同呈现出一种与周围具有未变异基因的细胞相异的颜色。因此，在那个具有双色虹膜的女孩体内，其实只有一个细胞在虹膜形成的过程中获得了使颜色发生改变的突变。与此类似，在有着葡萄酒色痣（鲜红斑痣，*nevus flammeus*）的人体内，也只有一个细胞在组织血管时产生了突变，最终导致多条血管的异常扩张，使得周围的肤色变成了暗红色。

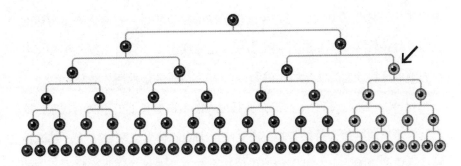

图 1.4： 图为构成虹膜的细胞的谱系。一个基因突变损坏了一个编码色素的基因（箭头所指），而虹膜这部分的所有后代细胞都遗传了这一突变，从而导致虹膜某部分的颜色较浅。

　　很多基因组复制的过程是发生在子宫内的，但也有很多细胞在人的一生中持续进行着更新。例如，皮肤细胞每月进行一次更新。随着我们年龄的增加，发生能够打乱皮肤色素平衡的基因突变的可能性也越来越大，这解释了老年斑（age spots）的产生。

癌细胞基因组中的突变所能导致的后果远比胎记或双色虹膜要严重得多。人们在小鼠细胞实验中发现了一个重要的癌症相关基因突变。在特定环境下,人们可以改造细胞使其能在体外存活,并将其放在含有生长因子(使细胞能够生长的信号分子,一般由临近细胞分泌出来)的营养液中悬浮培养。这些细胞名为细胞系,对于研究细胞的工作机制具有不可估量的价值。

研究小鼠细胞系的研究人员发现,仅仅一种基因突变就能让这些细胞致癌:在一个名为 $H-Ras$ 基因的特定部位,G 取代了 T,这就足以让这些细胞在没有生长因子的条件下继续生长。这项发现是非比寻常的,它表明,一个突变基因发出的误导指令就足以将所有的正常细胞变为癌细胞。

在正常情况下,细胞内有一个反应系统介导着对邻近细胞分泌的生长因子的反应,$H-Ras$ 基因正是这个反应系统的一部分。$H-Ras$ 基因编码的蛋白质是一种分子开关,当它经过化学修饰被激活后,它会进一步激活细胞内各处传输生长信号的其他蛋白质。正常状态下,只有当细胞接收到生长因子示意其分裂的信号后,由 $H-Ras$ 基因编码的蛋白质才会被激活。

H-Ras 基因上的一个突变会使其编码的蛋白质长期处于激活状态,这也就意味着细胞将会持续分裂,不受临近细胞的信号支配。$H-Ras$ 基因是种具备重要功能的正常基因,但仅仅一个突变就能将其变为癌基因。这种基因称之为致癌基因。

基因组本身有一些机制能够限制这种脱离生长因子控制的细胞分裂,但这种限制也有可能被打破。细胞系能够进行无限分裂,它们能够绕开对于细胞分裂的限制,这也是仅凭 $H-Ras$ 基因中的一个突变就能导致小鼠细胞系致癌的原因之一。我们可以观察下这一过程。

每条染色体的两端都有着复制计数器,使细胞能够大致记录下细胞家

谱中完成的细胞分裂次数。染色体的两个末端称为端粒（来自希腊语中的
"末端"一词）。端粒由特定顺序的字母组成：TTAGGG，如此重复数千遍。
想象一下：

…TTAGGGTTAGGGTTAGGGTTAGGGTTAGGGTTAGGGTTAGG
GTTAGGGTTAGGGTTAGGGTTAGGGTTAGGGTTAGGGTTAGGGTTA
GGGTTAGGGTTAGGGTTAGGGTTAGGGTTAGGGTTAGGGTTAGGGT
TAGGGTTAGGGTTAGGGTTAGGGTTAGGGTTAGGGTTAGGGTTAGG
GTTAGGGTTAGGGTTAGGGTTAGGGTTAGGGTTAGGGTTAGGGTTA
GGGTTAGGGTTAGGGTTAGGGTTAGGGTTAGGGTTAGGGTTAGGGT
TAGGGTTAGGGTTAGGG…

当染色体复制完成后，这些端粒就会变短。当同一个染色体再次被
复制时，端粒就会变得更短。染色体的复制方式导致了端粒的不断缩短：
每复制一次，就会失去端粒末端的一部分。这就像每条染色体都有一张允
许多次复制的门票一样，每次染色体进入新细胞时门票都会被撕下一部分。
经过几十次复制后，门票用完了——端粒全部消耗完了——于是染色体就
不能继续复制下去了。

根据预设好的程序，失去端粒的人体细胞最终会自行了结。这是件
好事——耗尽的端粒预示着失控的增殖，而细胞的自杀行为则是一种自动
防故障开关，能够保护身体的其他部分。癌细胞则需要躲避此类自杀程序，
且必须找到能够重建其端粒的方法。癌细胞的解决方法也很简单：它会向
一种名为端粒酶（telomerase）的复杂分子机器寻求帮助。端粒酶的专长即
为重建端粒（见图1.5），它由多个蛋白质（或亚基，subunits）组装而成，
而这些蛋白质分别由位于多条染色体上的不同基因编码。

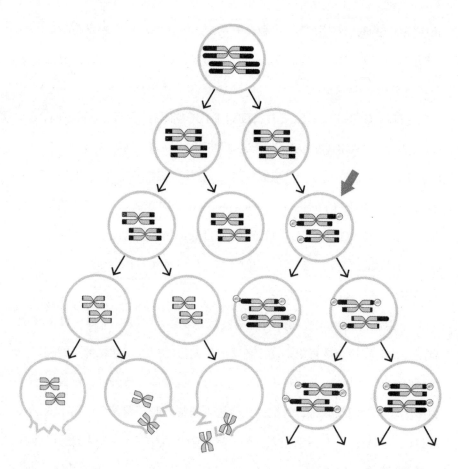

图 1.5：圆圈和箭头表示一个细胞谱系。每进行一次细胞分裂，染色体末端的端粒（黑色部
分）就会随之变短，直至完全消失。当端粒完全消失时，细胞就会进行自杀（左边的细胞谱系）。
然而，如果某个基因突变（箭头所示）开启了端粒酶基因，那么端粒就会进行重建，该细胞
谱系就会继续增殖（右边的细胞系）。

　　这乍看之下颇为奇怪——端粒缩短是一种防止细胞分裂失控的机制，
但基因组中却包含了一组能够逾越这种保障的基因。但仔细观察后，我们
会看到这种逾越是必要的。例如，在生产卵细胞和精细胞的过程中，染色
体末端会失去一部分端粒，为了保证人类下一代出生时具备的是完整长度

的端粒，端粒酶必须重建这些失掉的端粒部分。因此，端粒酶被妥善保管了起来：只有某些拥有特权的"不朽"细胞子群才能够使用端粒酶，例如产生精细胞和卵细胞的母细胞，而在其他有可能变为癌细胞的细胞里，端粒酶是没有活性的。

但要记得，每个细胞都有着相同的基因组。每个细胞中都有端粒酶基因，尽管端粒酶基因在这些细胞中只是被动的旁观者，并无活性。癌症若想在端粒缺失之后仍能继续分裂，所需的仅仅是 *TERT* 基因起始处特定位置的一个突变。*TERT* 基因负责编码重要的端粒酶亚基，组成 TERT 基因的部分字母为构建端粒酶亚基提供了指导。激活端粒酶的突变所改变的并非这些指示，而是改变了另一部分字母，这部分字母构成的是调控基因的分子开关。尽管这些字母的指示规定，只有在精子前体细胞（sperm precursor）等特定细胞中才能激活端粒酶的表达，但突变会改变分子开关，使癌细胞得以生产端粒酶。端粒酶在 90% 左右的癌症中都处于激活状态，其余的癌症则借助其他手段保持端粒的稳定。

端粒保护着染色体的末端，否则染色体将黏着在一起。当一个细胞发生突变并激活端粒酶的表达时，端粒已经消耗殆尽且染色体会黏粘结团。在显微镜下观察癌细胞时，我们能看到其中包含着不规则的染色体，这就是原因之一（见图 1.6）。

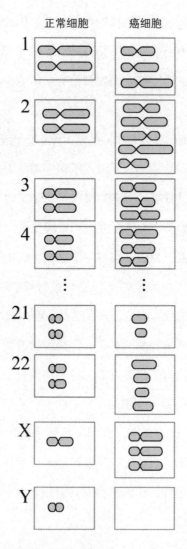

正常细胞　　　癌细胞

1

2

3

4

21

22

X

Y

图 1.6：图为正常细胞（左）和癌细胞（右）的染色体组对比。在端粒酶基因开启前，由于端粒缩短，导致染色体很不稳定，因此图中癌细胞的染色体处于一种无序的状态。

癌症的愿望清单

H-Ras 基因和 *TERT* 基因的端粒酶基因变异只是众多基因突变致癌例证中的两个例子而已。在不同的癌症类型和病患个体中，发生的突变各不相同，但其影响均呈现出一系列反复出现的特性。癌症研究人员道格拉斯·哈纳汗（Douglas Hanahan）和罗伯特·温伯格（Robert Weinberg）在他们的著名论文中将这些特性称为癌症的基本特征。每种癌症特征都解释了一种基因突变逾越人体防线，使细胞失控增殖的方式。

1. 自给的生长信号。成人体内的细胞只有接收到邻近细胞分泌出的生长因子后才会生长，这一过程类似同侪压力。产生癌变需要对这一过程的反叛——细胞必须自行产生复制信号。*H-Ras* 基因变异就属于这一大类。

2. 对抗生长信号充耳不闻。细胞也会接收到由临近细胞发出的停止生长的信号，而癌细胞则会对这些信号充耳不闻。

3. 变得永生。基因组通过缩短端粒来限制细胞连续分裂的次数，而癌细胞需要逾越这种机制。这类基因突变中的大多数都发生在 *TERT* 基因上。

4. 逃避细胞自杀机制。细胞被设置为可感知极端错误的模式，当极端错误出现时，细胞则会引发一系列事件，最终导致自身的毁灭。癌细胞则要躲避自杀行为，因此必须除此类机制。

5. 逃避免疫破坏。免疫系统的任务之一就是在癌细胞扩散之前找到并摧毁它们。若肿瘤希望继续存活下去，就必须躲避来自免疫系统的侦查。

6. 贪婪地汲取能量。失控的细胞增殖需要相应的能量供给。癌细胞会转入一种可以从糖类中更快地提取能量模式，但这种模式也会加大对能量的浪费，因而增加了身体其他部分的负担。

7. 吸引新的血管。细胞利用血流接收重要的氧。如果细胞在没有足够氧供给子细胞时依然继续分裂，那么新分裂出的细胞则会忍饥挨饿。癌细胞需要诱导邻近血管向其生长。

8. 入侵较远的身体部分。当癌症能够从原位置转移，渗入其他身体部分以建立自己的中途站时，癌症就进入了最危险的阶段。

这些癌症的基本特征是逐渐积累的，只有已发展完全的癌症 ^① 才会表现出以上全部的特征。但这些特征是如何积累的呢？小鼠细胞中 *H-ras* 基因中的一项突变就能导致癌症的事实似乎与八项癌症特征有些矛盾；并且癌症病程缓慢，其症状经常需要数十年才会出现，这似乎也与这些特征有些矛盾。

癌症多半属于老年病。70 岁的老人和 17 岁的青少年相比，前者患恶性肿瘤的概率高出后者十倍之多。最能证明癌症发展缓慢的例子之一就是吸烟行为增多和肺癌发病率升高的关联。在 20 世纪 20 年代，美国境内吸烟人数年年都要翻一番，肺癌发病率也紧随其后不断攀升，几乎与前者形成了两条平行的上升线条——只不过两者间相差了近 30 年。

如果仅需 *H-ras* 基因上的一个突变就能导致小鼠细胞系产生癌变，那么为什么人类癌症一般需要经过多年的发展，经历多个阶段？这显然是个谜，而答案的关键就在实验中所使用的小鼠细胞的性质上。那些细胞并不一般，实验室中使用的细胞很少有普通细胞。为了让细胞能继续在实验皿中生长，实验人员需要用特殊的诀窍使细胞变得"不朽"。而这类诀窍总会对基因组造成一些特定的改变，比如会阻止端粒缩短。人们后来才明白，最初实

————————

① 已发展完全的癌症（full-blown cancer）：指其癌细胞已完成从出现基因突变的普通细胞到恶性肿瘤细胞的转变过程。

验中使用的小鼠细胞实际上已经濒临癌变的边缘：只差一步，即 *H-ras* 基因上的那一个突变。要使正常的人类细胞完全发展为癌症，导致八种癌症基本特征出现的基因突变需要接连发生。

叛变的基因组

癌症的根源在于，每个细胞基因组中所携带的信息远远超出了细胞发挥其功能所需的信息量，这类信息为每个细胞带来的力量将会导致灾难性的故障发生。哪怕基因突变造成的仅仅是基因组信息的些微扭曲，都可能会造成细胞违规分裂，其子细胞以及子细胞的子细胞也会继续分裂下去，于是身体的平衡就被打乱了。

每种癌症都起始于细微之处，在开始时都只是一个受误导的细胞，即罗伯特·温伯格所说的"叛徒细胞"。但真正的叛徒其实是基因组。每个单一细胞的寿命都很短，影响力也不大，而细胞的基因却超越了细胞的寿命。尽管构成细胞的分子会在一定时间内土崩瓦解，但基因却会继续存在下去。

基因的精髓在于其携带的信息，这些信息从一代细胞传到下一代细胞。在我们身体的每个细胞中，基因组上所有基因的命运都是紧密相连的。基因们共荣辱，它们成功的关键就在于基因之间的合作。癌变后的基因组中的基因受其中少量突变成员的误导，打破了受控的细胞分裂规律，以此寻求不当之利。

仅凭基因组中的单个突变而导致正常细胞变为成熟肿瘤细胞的情况是不存在的。与身体中其他进程一样，癌症需要基因组的基因们进行团队合作。致癌八步中的每一步都会逾越机体中某一独立的防御系统。不过，让我们设想一下一个基因组获得全部八种突变的可能性。例如，基因组有多大概率获得一个能够破坏防端粒酶激活防线的突变呢？

如果假设有十种不同的基因突变都可以达到此效果，且一次细胞分裂中每个碱基发生突变的概率为100亿分之一，因此一次突变后导致一层防线崩溃的概率约为十亿分之一。因此，若要在一次基因组复制过程中获得全部八种突变，其概率为十亿分之一的八次方，也就是一分之十亿乘十亿乘十亿乘十亿乘十亿乘十亿乘十亿乘十亿。这就像连续九次赢得超级百万彩票的头彩一样不可能，你也大可放心这类事情不会发生在自己身上。

尽管概率很低，但人们还是会患上癌症。机体的防线是怎样全部失守的呢？答案在于，叛徒基因组变化得十分缓慢，一次只变化一步。一个基因组同时获得全部的八种突变从而成为成熟癌症的情况是几乎不可能的，但体内单个基因组获得一种突变并仅仅逾越一道身体防线却并不困难。

由于我们的身体里有着数万亿类似（却并不相同）的基因组，因此多种突变已然存在。平均下来，细胞分裂每秒钟就会为新形成的基因组中引入一种新的突变。鉴于存在如此多种突变，在某个基因组的某关键部位发生突变的情况几乎是难免的，而细胞也会不可避免地向癌症更近了一步。

此类突变的出现将会改变整个格局。最需要理解的是，尽管基因组需要集齐全部的癌症基本特征才能形成发展完全的癌症，但仅仅携带一种癌症特征所带来的影响就已然不可小觑。由于此类突变的产生，仅具备一个此类突变的叛徒基因组的细胞分裂速度就有可能已经比正常细胞快了。例如，叛徒基因组可能会超过其同辈基因组的生长速度，因为它携带的突变减少了该细胞对周围细胞分泌出的生长因子的依赖。一旦细胞未经邻近细胞许可便进行分裂，它可能会产出数百万个克隆基因组。

正是此类基因组数量的增多使得癌症进一步发展。由于数百万这类叛徒基因组的出现，其中某个基因进一步向癌症突变的概率也就增加了（见图1.7）。这些数目巨大，以百万计的叛徒基因组中有可能会产生出携带有八种致癌突变中两种突变的新基因组。出现此种情况后，第二道防线也就随之崩溃了。

产生两种癌症特征突变后，基因组自我繁殖的能力也会进一步增强。带有双重突变基因组的细胞比携带单一突变基因组的细胞分裂得更快。当携带双重突变的细胞产出了多达数百万的后代细胞后，获得下一步突变的几率也会再次上升。这一过程会持续下去，直到机体的所有防线全军覆没。

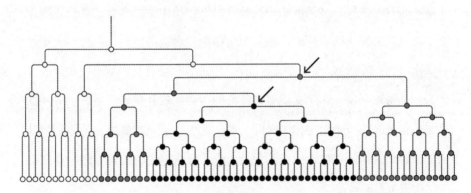

图1.7：图为癌症逐步发展的方式，按时间顺序从顶部（该细胞系的首个祖细胞）至底部（当前存活的所有后代细胞）。每个箭头代表某种使其携带者分裂速度快于其他细胞的基因突变（在该突变下的分支中可见较快的后代繁殖速度）。随着时间的推移，该分裂速度较快的细胞会产生非常多的后代，其数目足以使新突变的出现成为可能。新突变将进一步加快细胞增殖的速度，如此周而复始，直到某一细胞完成了所有所需的步骤，发展成为熟的癌症。

以上内容解释了癌症发展时间如此之长的原因，也说明了，如果我们能够及时注意到癌症的征兆——双重突变体、三重突变体或四重突变体，那么很多癌症是可以避免的。许多叛徒基因组在人体深处进行增殖，等人们发现时为时已晚。但叛徒细胞有时却可以从人体外部观察到，正如鲍勃·马利（Bob Marley）脚趾甲下的叛徒细胞一样。假如意识到这些，鲍勃·马利也就不会英年早逝了。切除皮肤癌细胞是防止肿瘤进一步发展的唯一方法。同理，尽管胎记一般是无害的，但有一半的黑色素瘤（melanoma）病例均是由已有的胎记发展而来的。胎记增大有可能表明胎记已经发生了某些能够致癌的突变。当此类情况发生时，医生一般会建议患者切除胎记，以先发制瘤。

癌症的逐步发展不过是遵循自然选择法则而已，这一法则调整着所有生命体的适应性。是自然选择改变了鲜花，使其能更好地吸引蜜蜂和蜂鸟；正是由于自然选择，细菌演化出抗药性以抵挡抗生素；自然选择让飞蛾改变了颜色以融入不断变化的环境。生命根据自然选择法则一代接一代地进行变化，查尔斯·达尔文（Charles Darwin）是首位充分认识到这一规律的人。作为一名博物学家，达尔文洞察到所有的生命体都存在着联系，正如一棵大树多条缠结的枝条上生出的树叶一般。达尔文最大的成就在于他清楚地描述了自然选择那美妙而简洁的逻辑。毫不夸张地说，正是自然选择创造了生物界所有的奇迹。

达尔文通过研究动植物而提出了自然选择的理论。如今，我们也可以从对细胞和基因组的观察中看到相同的结论。如果达尔文当初可以用显微镜观察癌细胞，那么正如他观察完整生物体一样，他从观察癌细胞中得到的依据也能促使他提出相同的理论。

自然选择是普遍规律，只要群体中的成员在遗传方面各有差异，并且这类差异影响到成员传宗接代的概率时，自然选择就会发挥效力。这些受到自然选择的个体必须归属于一个群体，或者更准确地说，整个种群是共同演化的。种群可以指同种动物的全部个体（在达尔文的研究里即是如此），可以指人体中所有细胞（比如患癌症的情况下），或者甚至是试管中能够复制自身的简单分子。

达尔文提出，要使自然选择作用于某种属性（例如，细胞对邻近细胞发出的分裂信号的依赖程度），需要一些前提条件，包括：（1）该属性在种群中个体间有差异；（2）该属性可遗传；（3）该属性会影响适合度（fitness）。在演化中，适合度衡量的是短期内繁殖方面的成功，即该个体产生后代的速度相对于整个种群中后代出生正常速度的比率。如果符合以上三个条件，那么随着时间的推移，高适合度的细胞（产出后代较平均水平多的细胞）比率将会上升。繁殖能力更强的（即适合度更高的）细胞最终会取代整个种群，这也是符合逻辑的必然结果。

在细胞种群中，大部分细胞会在周围其他细胞分裂之后再进行分裂，但有一小部分细胞却不会这样。我们已经看到，这类差异是由基因编码造成的，并可通过 H-Ras 基因上的突变等途径发生改变。因为携带突变的细胞能产生更多后代，因此这类细胞终将控制邻近细胞种群。除非余下的细胞能够找到阻止叛徒细胞继续分裂的方法，例如让医生检查身体并移除叛徒细胞，否则癌症会遵循自然选择法则发展下去。

只有当自然选择法则的三个前提条件全部被满足时，癌症才能继续发展下去。如果所有细胞都是完全相同的，那么种群的构成也不会改变。如果细胞增殖的速度有差异，但这种差异不会遗传下来，那么分裂更快的细胞则不会随着时间的推移而变得数不胜数。如果细胞在遗传方面有差异，但这并不影响它们的适合度，那么种群构成也不会随着时间推移而发生系统的改变。

根植在自然选择法则中的细胞竞争当然不利于生物体整体，长期看来，也不利于癌细胞——随着生物体的死亡，癌细胞也会灭亡。带有新的可致癌突变的基因绝不会进入人类的下一代。此类基因受困于其癌细胞，并且不会进入精细胞或卵细胞（睾丸内可以产生癌症，但促进癌症发展的多种基因突变则让生产正常精子一事变得不可能）。

尽管癌细胞在人体中毫无例外地只能存活不久，但在动物中却出现了罕见的例子，即癌细胞在动物体内形成并成功超越了该动物的寿命。在某只首批被驯服的家犬中形成的肿瘤至今仍然存在。今天，这些肿瘤细胞的后代存活在犬类的皮肤上，通过接触从一只狗传到另一只狗身上——这个肿瘤实质上已经变成了一种寄生物种。

在生物学中，判断成功的标尺是长久的存活：那些存在至今，并持续复制自身的基因才是成功的基因。照此来看，如果将极罕见的可传染肿瘤放在一边不提，癌症的发展对于任何基因的长期发展都是不利的，并且突变基因的成就也会在身体死亡后被骤然打断。

然而，自然选择的逻辑却有些目光短浅。既然身体细胞完全满足自然选择的前提条件，那么自然选择一定会发生，癌症的演化也就变成了必然。令人不安的事实是：如果人体存活足够长的时间，则人必然会患上癌症。

癌症演化和物种演化的类似之处不仅在于自然选择。生物学家杰里·科因（Jerry Coyne）是这样描述生命演化的："地球上生命的逐步演化起始于一种35亿年前的原始物种——也许是一个能自我复制的分子；之后，该原始物种会随着时间的推移扩张，产出许多新的不同的物种；对于大部分（但并非全部）演化中的变化，其机制都是自然选择。"这句话简明扼要地抓住了演化的五大原理：（1）物种会变化；（2）物种之间互有联系；（3）变化是逐渐发生的；（4）许多变化背后的机制是自然选择；（5）并不是所有演化中的变化都是由自然选择引起的。

　　起初，这些原理是用以描述物种演化的，但这些原理也可同样应用于生物体内细胞种群中的癌症演化。在细胞的代代相传中，基因上的变化在我们体内的细胞中逐渐累积（原理1：物种会发生变化）。我们每一个人都是一个细胞集落（colony）①，这些细胞全部源自一个只有一组基因的单细胞——受精卵。在癌症中，控制叛徒细胞谱系的基因集（gene set）②开始我行我素，放弃了与身体其他部分的合作。与非癌症细胞相比，叛徒细胞的这一谱系分支可以视为新"物种"（原理2：共同的血统）。但单个基因突变将完全健康的细胞变为癌细胞的情况是不存在的——而是叛徒基因组一步接一步缓慢地积攒着变化（原理3：演化是逐渐发生的）。即将发生癌变的细胞比正常细胞分裂得更快，由于使分裂加速的基因突变可以遗传，因此由叛徒细胞谱系在身体里占据的比例会发生改变，远超它们周围中规中矩的正常细胞（原理4：自然选择）。不过，并非所有的基因突变都与细胞功能和细胞增殖有关，种群中某些变化的普及仅仅是因为偶然（原理5：存在着随机的变化）。

---

　　①　集落（colony）：由单个细胞分裂多代后，其后代细胞聚在一起形成的细胞群体。
　　②　基因集（gene set）：与某个遗传特征相关的一系列基因的集合。

也说基因

本书经常将基因描述为有目的、有意识的。当然，客观上基因并非如此。基因只不过是一串串 DNA，即原子的复杂组合。但当我们研究基因的属性以及作用时，似乎基因的一举一动都是为了保证自身的生存。这是因为，基因的演化同其他生命体一样，是由自然选择这种逻辑必然性驱动的。例如，当我们写"癌症基因是为了寻求不当之利"时，我们是将"原癌基因上的突变导致携带该突变的细胞增殖速度加快，随着时间推移，终将导致体内该种突变细胞的比率上升"这句话简化了。拟人修辞便于我们在讨论多种过程时进行简化；尽管这有助于我们直观地理解自然选择学说，但我们仍要记得简化前的完整描述。

进一步，退一步

父母不会将癌症传给孩子。致癌基因的多种版本会在身体细胞中演化，而非精细胞或卵细胞中。后者自身拥有非癌症基因组，以保证癌症不会直接从父母转移到孩子身上。但某类细胞中导致细胞向癌症更进一步的基因突变却可以遗传下去。

乳腺癌就是一个例子，能将乳腺癌基因 1 和基因 2（*BRCA1* 基因和 *BRCA2* 基因）破坏掉的突变与此癌症有关。从父母一方那里遗传了此类基因突变的女性一生中患乳腺癌或卵巢癌的概率为 80%。*BRCA1* 基因和 *BRCA2* 基因共同合作以修复受损的染色体，当染色体损伤到无法修复的程度时，这两种基因则会让细胞自杀。这类基因上的突变显然会改变其功能，从而致使其所在的细胞更好地逃避自杀行为，由此，癌症基本特征之一便出现了。至于为何这类基因的受损拷贝仅仅会在乳房和卵巢内致癌，目前尚无答案。但我们清楚的是，任何遗传了此类基因的女性在出生之日起就迈出了致癌的第一步。

那么为何癌症基因组需要具备整整八项癌症基本特征呢？为何在人们40岁之前，机体防线能有效防止大部分癌症的产生？就像是基因组精确设置了恰到好处的八重防线以延缓恶性肿瘤的发展，直到我们的生育期结束一样，这也许就是实情。发展中的癌细胞所要必须克服的八道防线正是我们的祖先经历自然选择后所演化出来的。

假如我们的抗癌系统稍微减少一点效力，那么二三十岁就因癌逝世的患者数量会骤增，而在演化过程中，人类的大部分后代都是在二三十岁时繁殖出来的。想象一下，假如在我们种族历史中的某个时间点，确实出现了抗癌防线较少的情况，但那时有位携带基因突变的女性，该突变能够更有效地抗癌，因此她能延缓癌变，将癌变拖延到生育黄金期之后，从而留下更多后代。自然选择的三个条件——变异性、可遗传性，及对适合度的影响，都得到了满足，随着时间的推移，这种更强效的防癌系统也会在人类中普及开来。

然而，在工业化之前，那时还没有生产出抗生素，几乎无人能活到癌症发展完全的阶段，而大部分繁殖工作也在患者去世前就完成了。因此，从自然选择的角度来看，并无太多"必要"获得一个比现有抗癌系统更强大的系统。也就是说，并没有自然选择的压力来让人类演化出第九重防线。

裸滨鼠的案例则提供了有趣的对比。通常小型动物只能存活几年，但这种东非啮齿类动物却有着长达三十年的寿命——是与其体型相近的近亲

（家鼠）寿命的十倍之多。相对而言，裸滨鼠的寿命相当于猿类中 600 年的寿命。

尽管经过了长期的观察，但人们从未在裸滨鼠体内发现过任何癌症[①]。相比之下，许多癌症研究均以小鼠为实验对象，而小鼠也有着与人类一样的八重抗癌防线。裸滨鼠可以存活如此长的时间，却并不会患上癌症，这可能意味着，裸滨鼠要么加强了现有的防御措施，要么演化出了第九重防线。充分了解裸滨鼠防癌措施的种种细节之后，也许终有一天我们能够以此为基础，找到治疗癌症的新方法。

演化不只发生在过去，它无处不在，无时无刻地进行着，即便是在我们体内也发生着演化。正因如此，我们难免会患上癌症。但是，我们并不一定会因癌症而离世。因为癌症是如此普遍而有威慑力，因此，癌症研究是最重要的研究方向之一，也是生命科学中最为先进的研究领域，针对特定癌症种类的新治疗方法经常出现。最近的一项发现——免疫疗法，甚至有可能成为所有癌症治疗的新突破。该疗法利用身体自身的防御系统抗击个体中出现的特定癌细胞谱系。可以想象的是，在不远的将来，癌症可能会成为一种类似艾滋病的慢性病。在患者享受先进医疗水平的条件下，艾滋病已经不再让人闻风丧胆。免疫系统也许正是强效抗癌疗法的关键，这也正是本书第二章的主题。在此背景下，我们仍会利用基因社会这个类比，以此理解演化过程。

---

① 此结论在本书英文版出版后被推翻。2016 年 2 月，《兽医病理学》杂志上发表的一篇论文首次报告了裸滨鼠罹患癌症的病例。但与其他动物及人类相比，裸滨鼠罹患癌症的概率极低依然是不争的事实。

THE
SOCIETY OF GENES

第二章
你的对手定义了你

只有肤浅的人才不以貌取人。——奥斯卡·王尔德那是 1993 年，六名麻省理工学院研究生走进了拉斯维加斯的一家赌场，他们计划博个满堂彩。坐在 21 点牌桌旁，他们应用了一项从 18 世纪就存在的作弊术，名为"算牌"。为了增加自己的获胜的概率，这些学生需要找到"赢率大"的 21 点牌桌，也是就说，找出每桌还有多少未发出的花牌（所有国王牌、王后牌、杰克牌）。其中五名学生下小赌注，每人坐在一桌进行算牌，第六名学生则站在一旁。当某算牌学生的记牌记录显示某桌赢率大时，他便会示意第六名学生，于是第六名学生会在那桌坐下，下大赌注。在多个赌场应用了该策略后，学生们净赚了 300 万美元。

赌场不允许使用算牌策略，因为这是不公平的。慢慢地，赌场开发出了越来越多成熟的对策，用以发现算牌者并将其列入黑名单。最简单的对策就是禁止有过一次犯规的作弊者再次踏入赌场。对赌场来说，这就是"骗我一次，错在你；骗我两次，错在我"。过去，赌场保安需要根据黑名单来识别作弊者；如今，大型赌场则使用摄像机系统和人脸识别电脑程序。

你可以将赌场及其诚实的顾客大致视为一个社会；作弊者则要剥削这个社会。将作弊行为挡在门外，这归根到底是个设限的问题。为了保护自身不受剥削，社会需要区分开内部人员和外部人员。负责保护身体不受病原体（pathogen）侵害的免疫系统也需要分清孰敌孰友。很久以前，在自然选择的力量驱使下，免疫系统演化出了分辨敌友的方法。令人惊奇的是，这些分辨敌友的方法居然与癌症突破防线得以增殖的方法相同。

基因社会

在本书中，我们认为最好将构成基因组的基因视为一个社会。人类基因组包含 20000 个基因，每个基因都擅长某项或多项工作。基因需要共同合作才能组成并管理好身体，让身体继续复制基因。发挥这些专长，需要复杂的组织以及调配得当的分工。但是，如果认为基因间的共存就代表着基因的和睦相处，这就错了。

　　尽管每个人类基因组包含着基本相同的一组基因，但这些基因本身却并不相同。突变导致基因出现多种版本，术语称其为等位基因（alleles）。比如，有半数人的某基因的第四个位置上是 C，而剩下的人却是 G。由这

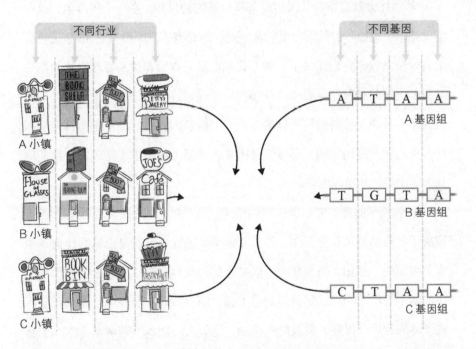

图 2.1: 图为基因社会的类比。左侧为不同购物中心中的三排商铺。每列商店代表了零售业中的一类商家：眼镜店、书店、鞋店和糕饼店。有些商店，比如鲍勃鞋店，数量比其他商店更多，因此这种商店要更为成功。左侧饼形图显示的是不同糕饼店的整体市场份额。右侧为三排人类等位基因，每一排都来自不同的人体基因组。每个方块代表一个等位基因，不同等位基因间的差异来源于每个等位基因特有的基因突变。同一列里的等位基因都属于同一个基因。某些等位基因，例如最右侧基因中的 A 等位基因，要比其他等位基因更为成功。右侧饼形图显示的是图中最左侧基因中的三个等位基因在所有人类基因组中所出现的相对频率。

些字母区分开的两个等位基因也会具备稍有不同的功能，例如，带有 C 等位基因的人比其竞争者更具优势。经过几代的发展，G 等位基因也许会慢慢消失。

一个基因类似于人类社会经济体中的一个特定分支（例如糕饼店、药房、DIY 商店）。不同等位基因间存在竞争，就像不同糕饼店在某经济体中进行竞争一样（见图 2.1）。如果在小镇里，贝蒂蛋糕坊烘焙的牛角面包最好吃，那么他们的生意很有可能会扩张，而他们的某些竞争者就有可能倒闭。

基因社会就是所有基因中全部等位基因的总和，在一个种群中，这些等位基因会覆盖种群基因组里的每一处。你自身的基因组有着 46 条染色体上的等位基因，它们提供了一种方式来汇集一整套构建及管理身体的指令。从我们之间的种种差异看来（许多差异都是通过基因遗传下来的），等位基因还有其他无数种构建人体的方式。等位基因的当前地位是由其在基因社会中的普及度而定的：某等位基因在人类基因组中出现得越多，我们就认为这个等位基因越成功。

正如汽车制造商需要供应商的稳定供货一样，每个等位基因的存亡也取决于其同辈能否正常工作。等位基因所处的竞争环境是由基因社会其他成员控制的。例如，两个基因可以共同建造某种分子机器。这类合作基因中的两个等位基因可以配合得相当不错，两者共建一个联合，借由两者所在个体的存活以促成它们彼此的成功。这让人联想到不同商家合作而盈利的例子，比如某咖啡品牌和某连锁书店的合作①。通常的预期是，同一基因中的等位基因会相互竞争，而不同基因的等位基因则会彼此合作。基因社

---

① 此处暗指星巴克咖啡店与巴诺（Barnes & Noble）书店。巴诺书店是美国最大的零售连锁书店，与星巴克合作，在书店内的咖啡厅里销售星巴克咖啡。

会成员间的复杂互动以及由此所产生的对生命的理解正是本书的主旨。

通过思考我们体内发生的演化，例如癌症（第一章）以及免疫系统对病原体的适应（本章），我们见证了短期的演化过程。通过这些过程，我们了解到基因间重要的功能性关系，但我们并未看到基因社会的演化。这是因为我们体内总有新细胞产生，这些新细胞复制于已有细胞，完完全全地遗传了母细胞的基因组。因此，不同细胞间的等位基因永远不会相遇——细胞社会是静态的。从基因的角度来看，人体并不重要，因此，如果想要了解基因社会是如何运作的，我们就要探究长期的演化过程。

演化就发生在基因社会中。个体基因组是匆匆过客，但正是千秋万代的基因们逐渐积累的成与败体现了演化。这一社会遵从的是何规则？等位基因们可不是无私的理想主义者。当等位基因增强其携带者的适合度后，自然选择则会奖励该基因，增加它在基因社会中的普及度（即"市场份额"）。因此，每个等位基因与其同辈共同合作时，也是为了追求自身利益，这也例证了亚当·斯密（Adam Smith）的假说——当利己主义得到合理引导后，也能达到共同利益的最大化。

记仇的细菌

免疫系统崩溃后，我们会受制于敌方。艾滋病——获得性免疫缺乏综合征——就是这种情况，这也是艾滋病如此危险的原因。引起艾滋病的HIV 病毒存活在一类特殊的人体细胞中，这类细胞负责保护身体不受病原体侵害。HIV 病毒为了一己之私操控着这些免疫细胞，这样一来，患者的免疫系统不仅无力抵御 HIV 病毒，也难以像健康人一样抵御细菌感染、真菌感染、癌症等威胁。

所有的病毒，从HIV病毒到普通感冒病毒，都十分擅长在自我复制环节进行作弊。细胞增殖是种复杂而精细的过程，但病毒却走了捷径。病毒缺乏必要的基因，难以独立完成复制过程，因此，病毒不劳而获，利用其他基因社会得以存活。

病毒可通过受污染的食物（例如导致鼻炎的轮状病毒，rotavirus）、飞沫（例如导致普通感冒的鼻病毒，rhinovirus）、体液交换（例如导致艾滋病的HIV病毒）进入人体，使自身附着在某人体细胞上，然后将自身的基因组注入细胞内部，劫持细胞的机器，转而让其复制入侵的病毒。当复制病毒基因组耗尽了细胞的所有资源后，这群新生的病毒则会开始逃窜。这些病毒对自己劫持的母舰可是毫无感情可言——很多病毒会将感染的细胞打破，导致细胞死亡。一部分释放出的病毒找到新细胞进行感染，通过这种破坏行为（见图2.2）继续着病毒增殖的循环。

细菌也受困于病毒。细菌由单细胞组成的微小生物，因其只有一个细胞，因此也只有一种基因组。细菌细胞的构造非常接近人体细胞，但要小得多，其结构也简单得多。可以这样想，每个人体细胞都是一间公寓，里面分为不同功能的屋子（厨房、卧室、客厅），而细菌则类似一间狗屋。一个细菌基因组一般包含2000~4000个蛋白编码基因，这比人体基因组少了5~10倍。1995年，人类首次破译出一个细菌基因组的序列，在那之后，人类又研究了数千个细菌基因组的序列。

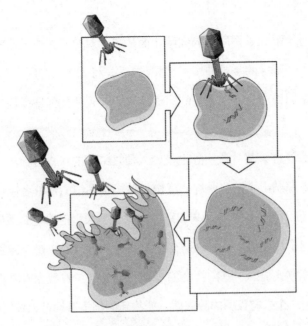

图 2.2：图为病毒的生命周期。病毒黏附到某细胞上，并将其自身基因组注入细胞。病毒基因组会引导细胞复制病毒。一旦有大量病毒形成，细胞就会破裂并释放出病毒。

许多细菌基因组有着一种看似古怪的结构，即大约 30 个字母按照特定顺序排列的 DNA 区域，这些区域可重复达百遍。这些重复区域占细菌基因组的百分之一，并且几乎呈回文结构，即正读和反读的结果几乎一模一样。这些基因组重复并非紧紧相连，而是由某种结构间隔开的，当初发现这些结构的研究者不屑地称其为"间隔区"（spacer）。与这些重复序列不同，间隔区元件的长度从 25 个字母到 40 个字母不等。

过去多年中，无人明白这些重复序列 - 间隔区 - 重复序列 - 间隔区 - 重复序列 - 间隔区 - 重复序列……的片段有何用途。但这些片段的存在一定有某种意义，因为细菌一般会丢掉那些没用的序列。研究者将这些片段称为 CRISPR，即成簇的规律性间隔短回文重复序列（clustered regularly interspaced short palindromic repeats）。关于这些不规则区域作用的重大突破并非源于对抢眼的重复序列的理解，而是源于对那些看似无用的间隔区的深入研究。间隔区的字母顺序经常和已知病毒基因组的某些部分一致。但为何细菌基因组中会出现零星的病毒信息，并且还如此整齐地排列在重复序列间呢？

原来，这些病毒片段实际上是曾入侵过细菌的病毒的存档照片，每个细菌细胞中都贴出了这些照片，就像是赌场中贴出的作弊者照片一样（见图 2.3）。细菌利用这些信息来识别、清除长得像之前罪犯的入侵者，从而有效地起到了免疫效果，可以防御之前病毒的近亲的攻击。这种细菌针对病毒的免疫方式显示了基因社会的规则：细菌维护着数据库以作排除之用，每当检测出一个未曾谋面的敌人后，便将新的档案照片存入基因组。

图 2.3：就像保安将嫌疑人与一系列档案照片进行比对一样，细菌会将潜在侵入者的基因组与过去侵入者的基因组进行比对。而过去侵入者的档案全部存放在细菌 CRISPR（成簇的规律性间隔短回文重复序列）的间隔区中。

研究人员用病毒感染一个细菌菌落①后，菌落中的大部分细菌会死亡（见图2.4）。死亡细菌和存活下来的细菌基因组相比，两者间通常只有一个区别：存活下来的细菌中会在 CRISPR 区域多出一个间隔区和一段重复序列，且新生成的间隔区是病毒基因组片段的完全互补镜像。多亏了负责将病毒 DNA 片段嵌入 CRISPR 结构的基因，这个间隔区才会出现于此。但只有少数细菌能够及时完成任务，这也是为什么大部分细菌仍会被迅速复制的病毒消灭的原因。

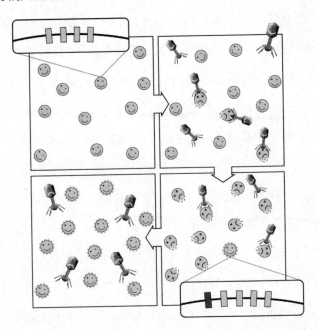

图 2.4：图为某细菌在病毒性感染前与感染后的 CRISPR 区域。图中，病毒攻击一个细菌种群，除某一细菌幸免外其余细菌全部死亡。幸存的细菌成功将与病毒基因组中某部分的互补的 DNA 整合进了自己的 CRISPR 区域。这种整合使得细菌有了摧毁该病毒 DNA 的能力，并对该病毒有了免疫作用。幸存细菌的后代会遗传这种免疫力并茁壮生长。

———————————

① 菌落（colony）：由单个或少量细菌（或其他微生物，如真菌）细胞在固体培养基表面或内部生长繁殖到一定程度时，会形成以母细胞为中心的、肉眼可见的子细胞群落，称为菌落。

细菌以对比档案照片的方式来清除潜在威胁，这一方式所应用的原理，正是染色体中 DNA 的两条链能够结合在一起的原理。回想一下，DNA 链是由数百万个字母相连组成的，这些字母即四种碱基：A 碱基、T 碱基、C 碱基、G 碱基。碱基的分子形状类似拼图碎片。化学作用力使胸腺嘧啶（thymine，T 碱基）吸引腺嘌呤（adenine，A 碱基），而鸟嘌呤（guanine，G 碱基）则吸引胞嘧啶（cytosine，C 碱基）。

这种配对原则也应用于一种十分类似的分子——核糖核酸（ribonucleic acid），或称 RNA——的结构中，只是 RNA 中的 T 碱基被换成了化学性质类似的尿嘧啶（uracil，U 碱基）。细胞用 RNA 来暂时储存用以生产蛋白质的模板信息。有些病毒的基因组是由 RNA 组成的，而非 DNA。若将相匹配的单链 DNA 或单链 RNA 放入试管中，那么当两条相匹配的单链相互碰撞时，两者会与其互补的镜像结合，形成双链 DNA 或双链 RNA。

CRISPR 系统利用的就是这种镜像吸引原则。细菌将基因组中的间隔区和其两侧的重复序列复制到（或转录到）单链 RNA 分子中。之后，这种 RNA 分子会游离在细胞周围，每个这种 RNA 分子都会与周围相匹配的病毒基因组进行结合（见图 2.5）。由此生成的双链分子会吸引特定的蛋白质，使其将结合在一起的配对打碎。

CRISPR 系统之所以在生命科学中如此著名，不仅仅是因为它能形成细菌的这种适应性免疫系统。当 CRISPR 系统记下新的病原体时，它会将特定 DNA 序列插入基因组中某特定区域。科研工作者已将这种功能改造为一种对研究极其有用的手段。利用这种原理，我们可以编辑一个基因组，例如将某些特定基因从基因组中移除，并观察移除这些基因后的变化。

如果 CRISPR 系统对抗细菌的免疫工作做得滴水不漏，那么也就不会存在对细菌不利的病毒了，而这一系统也会被淘汰。然而，这场战争还在继续。基于细菌的防御工事，病毒给出了对策，从而产生了演化的军备竞赛。

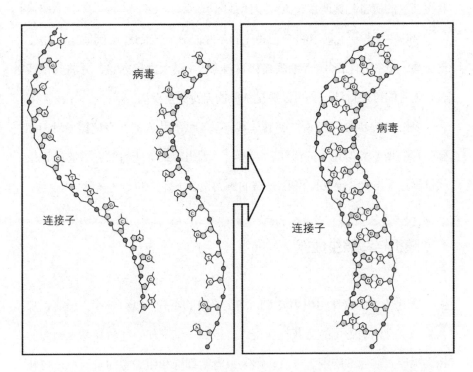

图 2.5： 图为细菌免疫系统将已储存为 CRISPR 间隔区的档案照片复制到单链 RNA 分子中。之后，这些单链 RNA 分子会受任何与其互补的病毒基因组序列的吸引。这里应用到的化学作用力也同样存在于我们的染色体中，使得染色体内的 DNA 双链彼此结合。

　　病毒突破细菌免疫系统的方式不止一种。其中最简单的方式基于这一事实：为了让检测工作更易进行，免疫系统必须在添加新间隔区后丢掉最老的间隔区。因此，当某些病毒久久不再露面，而细菌又将其"淡忘"后，这些病毒就会偷偷穿过细菌免疫系统，卷土重来。病毒的另外一种策略就是进行"易容",这样便与自己的档案照片无法对应。这种"易容"所需要的只是与细菌间隔区对应的病毒基因组序列上的一个基因突变,改变一个字母即可。针对这种种策略,细菌也产生了新的对策以对抗病毒的对策,将更新过的病毒档案照片记入自己的基因组。

细菌有时会无意中将自己的 DNA 片段列为 CRISPR 间隔区。由于这个意外获得的档案照,细菌会将自身 DNA 误认为侵入者,并将其摧毁,进行无意的自杀行动——可以算是细菌的自身免疫疾病。

细菌的基因社会是否面临着让其记录不暇的敌人呢?有证据显示,细菌生存的地方类似无尽的海洋,若想让基因组容纳下所有潜在威胁的记录,代价则过于昂贵,而 CRISPR 系统的效力也会下降。

随机档案照生成器

如果我们的身体利用类似 CRISPR 系统的小分队抵御外来入侵者,那么某一个身体细胞可能会获得免疫力,但这一细胞却不能将其基因组内的档案照传入临近细胞中。并且,因为只有精细胞和卵细胞的基因组才可能遗传到下一代,所以你也不能将侵略者的信息遗传到孩子体内。

此外,尽管档案照资料库可以让你分辨出潜在的再犯者,但这却并不能保护个体不受初次感染的侵犯。与构建细菌细胞相比,组织人体则费力多了,所以,可不能在新威胁刚冒头时就让身体死亡。我们需要一种能够对新威胁迅速发起反击,并立即将反击战推向全身的系统。

人体免疫系统,以及所有具备脊椎的动物(脊椎动物)的免疫系统将任务分给了一些特化①的细胞。正如细菌里的情况一样，免疫系统最关键的问题就是识别入侵者。人体免疫系统所用的策略类似赌场和细菌的策略，能生产出应对各种不同威胁的分子。但储存下每种与潜在入侵者相对应的基因序列是不可能的——这样所需的基因数量将大于人体基因组中的总字母数。与之不同，免疫系统拥有一台随机档案照片生成器。

我们看到，细菌利用互补的 DNA 单链彼此吸引的规律，以此追捕入侵者。人体免疫系统利用档案照片——抗体，施展了相似的策略，但这些抗体并非基于 DNA 序列，而是基于蛋白质序列。为了理解随机抗体是如何产生的，我们需要进一步了解蛋白质以及蛋白质的生产方式。

人体中的蛋白质是一个个用 20 种结构类似的分子构成的"长单词"，这些分子称为氨基酸（amino acid）。为了生产出蛋白质，这些氨基酸分子必须首先组合成一条长链。之后，新合成的蛋白质折叠成一个三维结构，这一结构的形状依照氨基酸的物理化学性质（例如大小、电荷、疏水性②）而来。每种形状都是在自然选择法则之下演化而来，用以发挥特定功能（见图 2.6）。因为蛋白质是由 20 种化学性质类似的分子（字母）组成的，而不是像 DNA 或 RNA 一样由 4 种分子组成，因此蛋白质可能的结构类型也就多了许多。

---

① 特化（specialized）：在细胞生物学中，"特化"指细胞在发育过程中形成独特的结构和特征，以行使某项或某些特定的功能。
② 即该氨基酸分子是否与水分子相互排斥。疏水性的分子不溶于水。

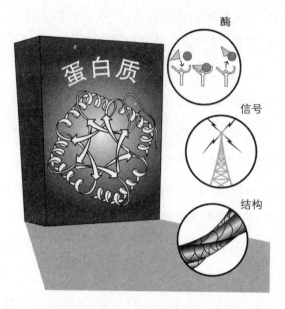

图 2.6：图为功能多种多样的蛋白质。某些蛋白质可能会催化化学反应，在这个过程中，该蛋白质促使两种特定分子嵌入到蛋白质上凹槽里（图右上），从而相互彼此结合。另一种蛋白质则可能会通过传递高能化学基团来传递信息（图右中）。第三种蛋白质则可能会参与由同一类蛋白质组成的聚合物以形成微小的支撑梁，帮助支撑细胞结构（图右下）。

　　细胞若想生产蛋白质，就需要将 DNA 序列（包含 4 种字母）翻译为蛋白质序列（包含 20 种字母）。在地球上所有的生命形式中，这一翻译过程都遵循着同样的规则，只不过有些许差别。我们之所以认为生命只能在地球上产生一次，这也是原因之一。假如你试图设计一种翻译方案，就会发现，每种氨基酸的生成需要至少三个 DNA 中的字母——因为如果用四种字母组合成两字词，那么你最多只能组合成 20 种里的 16 种（4 × 4 = 16）各异的氨基酸。细胞实际为此利用了三字词（称为密码子，codons）：AAA，AAC，AAG，AAT，……，TTT。加起来共有 64 种（4 × 4 × 4 = 64）相异的密码子用以区分 20 种氨基酸。因此，这一编码会出现冗余：大部分氨基酸会由不止一种密码子进行编码。比如，TGT 和 TGC 两种密码子都能编码半胱氨酸（cysteine）。这种冗余并非是随机出现的——密码子翻译表的演化方式将转录过程中引入"错字"的影响降到了最低。

为了制造蛋白质，细胞一步接一步地遵从着生物学里的"中心法则"：信息从 DNA 传递到 RNA，再传递到蛋白质中。蛋白质编码基因的 DNA 序列的平均长度是 1000 个字母。该序列由我们在第一章中讨论过的聚合酶复制到一个 RNA 信使中。然后，该信使 RNA 进入另一个蛋白质复合物——核糖体（ribosome）。RNA 序列从核糖体中穿过时，核糖体会将对应每个三字母密码子的氨基酸添加到延长中的蛋白质上（见图2.7）。为了能够开始蛋白质的生产，细胞从其母细胞中遗传了一些负责形成聚合酶和核糖体的蛋白质拷贝。

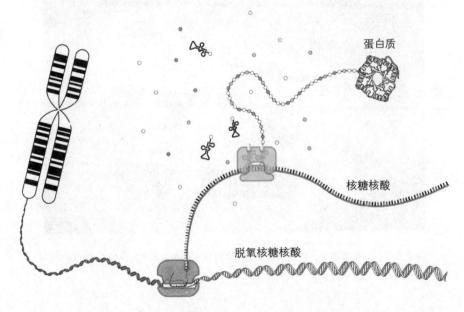

图 2.7： 生物学的"中心法则"：聚合酶将 DNA 复制（转录）到信使 RNA 中，而后核糖体将信使 RNA 翻译成蛋白质。那些类似小喇叭的图形被称为转运 RNA，它们将相匹配的氨基酸运送到核糖体中。

帮助识别病原体的抗体蛋白质是呈 Y 形的。每个抗体蛋白质 Y 形的两个尖端都能与一类来自侵入者蛋白质的特定片段相结合。但如果每个蛋白质——以及每个抗体，都明确地由一个相应的基因序列区分开来，那么为何免疫系统还会产出随机的抗体蛋白质呢？

也许你对"拼一拼"游戏并不陌生。在游戏里，你要用画着脑袋、躯干、腿的卡片拼成一个人形。如果每种身体部分的卡片都包含 20 个不同的版本，那么即可生成数千种复合体。这就是人体免疫系统生产抗体的方式：免疫细胞不是储存已成型的档案照片，而是用有限的几组零部件组装出多种多样的档案照片（见图 2.8）。

图 2.8：在 VDJ 系统中，不同基因部分的多种版本（图中的卡片）组合成了多种多样的抗体。

在大部分身体细胞中，基因组中并没有特定的抗体基因，至少没有已成型的抗体基因。而当身体生产 B 细胞时，抗体基因将会重新组装至其基因组中。B细胞是免疫系统细胞，在身体内巡查抗体，并利用抗体检测入侵者。

在你体内的三条染色体中，每条上面都有三个相邻区域，分别称为可变区（*variable*）、多样区（*diverse*）和连接区（*joining*），合起来称为VDJ系统。类似拼一拼游戏中的头部卡片、躯干卡片、腿部卡片，每个区域都包含抗体某部分的多种版本。当身体生产B细胞时，该细胞中的蛋白质复合物会从每部分抽出一张"卡片"，用以编辑基因组。这三张卡片粘在一起，形成了混编①的抗体基因。这就好像其他细胞的基因组有着全套的拼一拼游戏卡片，而B细胞则会组装出一个特定的人形，并将其余的卡片丢弃。这种行为可不常见——人体内只有B细胞等极少数细胞有权编辑它们自己的基因组。

B细胞抗体要先与身体中的所有产物进行比对后才能被释放出来。就像赌场保安一样，他们拿着电脑生成的人脸图像记录，首先要过滤掉那些看起来中规中矩的顾客，而免疫系统则要首先过滤掉任何可能会与自身蛋白质结合的抗体。

如果不对此类自我结合过程进行审查，B细胞会经常攻击个体自身，就像偶尔发生在细菌CRISPR免疫系统中的自身免疫反应一样。当B细胞渐渐在骨髓中成熟时，那些编码的抗体与自身蛋白质结合的B细胞会自杀。余下的B细胞会被释放到身体中，四处寻找入侵者。B细胞发现敌情后，会召集吞噬细胞以处死入侵者。

---

① 基因混编（gene shuffling）：指基因片段重新组合以获得新性状的过程。

达尔文会怎么做？

B 细胞在身体中巡逻，并从其他细胞表面读取情况报告，如此进行搜寻工作。情况报告由各个细胞内部生成。在这些细胞中，当蛋白质走到其寿命尽头时，它们会化为碎片，在细胞里四处漂浮。一支专门的蛋白质小分队将这些碎片搜集起来，并将其带到细胞表面，展示给外界。这些碎片就代表了细胞中不同蛋白质的取样。

这些蛋白质片段大多来自人体自身基因产出的蛋白质，对此，情况报告会显示"一切正常"。然而，当入侵者在细胞内部活动时，入侵者的某些蛋白质片段也会出现在细胞表面——就好像细胞在尖叫"救命，有入侵者！"B 细胞与该细胞结合后会发出信号，示意抓到了可能会带来危险的异质介质。

但这还未结束。人体免疫系统中的 B 细胞数量有限，所以即便理论上 VDJ 系统可以生产出上万亿的抗体，但不可能为每个可能存在的异质蛋白质片段配一个 B 细胞。与之不同，每个 B 细胞可以与一系列略有差异的蛋白质片段相结合。尽管与某些片段的结合作用也许会较弱，但人体免疫系统有办法增强这种结合，从而让其防御作用达到最大，并持续发挥下去。免疫系统通过两种借助了自然选择之力的绝妙方法，达到了这一效果。

首先，其抗体与异质蛋白质片段匹配的 B 细胞得到了奖励——进行自我增殖的信号，从而生产出更多包含成功抗体基因序列的 B 细胞。巡查身体的这种 B 细胞数目越多，就越有可能识别并清除受到匹配入侵者感染的细胞。

其次，第二种方法与第一种相关，即保证 B 细胞与入侵者蛋白质片段之间的结合足够紧密，以达到清除的目的。这种结合是如何优化的呢？我们已经看到，当遗传性变异影响到繁殖能力后，一个种群（无论是一个物种还是一系列细胞）都可通过自然选择进行适应。为了利用自然选择的规律，免疫系统必须在 B 细胞中加入可遗传性变异，以影响 B 细胞结合侵入者蛋白质的能力，并保证结合能力最好的 B 细胞能够比结合能力较弱的 B 细胞增殖速度快（见图 2.9）。如果这些目标达成，免疫系统里必然会充满对当前侵入者结合能力较强的 B 细胞。

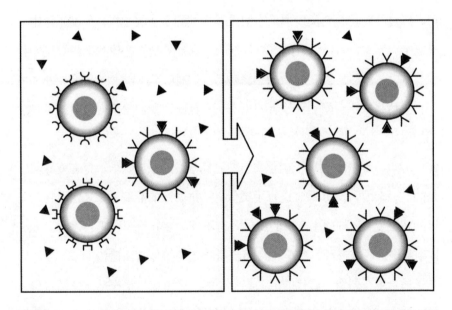

图 2.9：图为 B 细胞的演化过程。B 细胞利用其表面的抗体搜捕入侵者。自然会选择与入侵者的部分结合能力最强的 B 细胞，使其不断复制。

增殖信号传递到较为成功的 B 细胞后，会启动一种特殊的程序。抗体基因有一部分负责编码 Y 形抗体蛋白质的尖端部分，这一程序则特意为这一部分引入了基因突变。这些超突变（hypermutation）^①的目的在于引入适度的变异：大约在每千次细胞分裂中引入一个新的基因突变。超突变能够创造出种类繁多的 B 细胞，以不同强度结合侵入者的蛋白质片段。请注意，基因突变并非发生在 B 细胞的整个基因组上，而是仅仅发生在基因组上决定结合特异性的部分。这一过程也十分少见——这一区域是人体基因组中唯——个特意引入突变的区域。

与原来的 B 细胞抗体相比，偶尔会有些突变体结合侵入者蛋白质片段的能力更强。管理免疫系统的细胞便会刺激这些增强版的 B 细胞进一步增殖。经过几轮超突变及接下来的增强版 B 细胞增殖的过程，免疫系统中会充满能牢固结合入侵者蛋白质的 B 细胞。赢得 B 细胞之战的某些 B 细胞代表将得以在体内长久生存。它们会变为记忆细胞，而记忆细胞则会留在体内，保护身体将来不受同一入侵者的攻击——至此，我们就获得了对抗某种疾病的抗体。

这套系统充分展现了达尔文自然选择学说的三项要求。存在变异吗？是的。一来因为 VDJ 系统进行了类似拼一拼游戏的混编，二来由于特定基因的超突变，B 细胞生产出的抗体各有不同。变异可遗传吗？是的。允许 B 细胞增殖后，每种 B 细胞都会将自身特定的抗体基因遗传下来。变异影响了适合度，即留下后代的能力吗？是的。增殖信号是根据抗体结合侵入者的能力高低而定的。满足了自然选择的全部三项要求，B 细胞适应病原体的过程则是一项逻辑上的必然。

严格来讲，由于抗体基因有着不寻常的组装方式，它们并不属于基因

---

① 超突变（hypermutation）：指免疫系统为了增强对外来入侵物的免疫力而在抗体基因上产生的高频突变。

社会中的一员。抗体基因只是稍纵即逝的组合，每个 B 细胞的抗体基因均不相同。真正属于基因社会的成员是这一系统中的等位基因，它们相当于含有可变区、多样区和连接区的整套拼一拼游戏套装。可变区、多样区和连接区单独出现时并无任何用处，只有通过机器的剪切和粘贴，形成一个抗体编码基因后，它们才能保卫身体。这种机器本身由其他多个基因编码。同时，还有更多基因参与维护了免疫系统的正常工作。这些基因间的共同协作使得整个基因社会在病原体面前仍能兴旺发展。

双面间谍和长颈鹿宝宝

特创论[①]信仰者通常认为，像人类这样复杂的生命不可能是偶然出现的。基因突变确实是随机的，也就是说，突变并不总是偏向于能够增加适合度的变化。但是，自然选择的过程绝非随机。我们在第一章看到，因为癌症的发展有赖于基因突变的产生，所以癌症包含随机成分。但癌症是遵从自然选择法则进行演化的，这也就导致了携带首批致癌突变的细胞有着比正常细胞更快的增殖速度。同理，人体抗体种类对病原体的适应也是建立在随机突变的产生之上的。但关键在于，B 细胞在人体受到感染后的增殖却不是随机的。

达尔文的演化论（亦译为进化论）十分了不起，这一理论逻辑简单，能用于解释生物界的很多观察结果。达尔文并不是第一个思考演化原理的人。早于达尔文 65 年出生的法国博物学家让－巴蒂斯特·拉马克（Jean-Baptiste

①　特创论认为一切生物（包括人类）、天体和宇宙都是由超自然的力量或超自然的生命（通常为神、上帝或造物主）所创造的。

de Monet, Chevalier de Lamarck）也十分赞同物种随时间推移而演化并适应
新环境的概念。但拉马克所认为的演化原理却十分不同。

拉马克认为，生物后天获得的改变会遗传到其后代身上，他的想法得
到了许多其同辈人的支持。有个经典故事可以解释这一想法，即长颈鹿演
化出长脖子的过程。想象一下，某只长颈鹿在热带草原上生活，当这一地
区所有低处的树叶均被吃光后，长颈鹿也许会伸长脖子去吃高处的树叶。
经过多年的持续拉伸，它的脖子也许会变长几厘米。根据拉马克的理论，
这只长颈鹿的后代会遗传其拉长的脖子（见图 2.10）。

自然选择（达尔文）

后天获得性遗传（拉马克）

图 2.10：根据达尔文的理论，演化过程是由随机变异和自然选择促成的。如果出现了影响脖
子长度的可遗传变异，那么较高的长颈鹿则会找到更多食物，因此也更易存活下来——因此
也会留下更多遗传其长脖子的后代。而根据拉马克的理论，长颈鹿不断伸长脖子以觅食更高
处的树叶，因此在其一生中脖子不断拉长，而其后代也继承了这些拉长了的脖子。

如果拉马克的想法是正确的，那么我们后天获得的能力均能遗传到我们的子女身上。如果我们学会了弹钢琴，我们的子女也许生来就能具备同等技能——无须支付昂贵的学费或进行苦练了。这当然有悖常理，相比之下，达尔文的理论能够解释众多现象，因此人们很快抛弃了拉马克的设想。

我们现在深入了解了信息是如何通过基因组代代相传的。每部分不连续的遗传信息，即每个等位基因拷贝，都只存在于携带它的细胞中。在多细胞生物中，例如长颈鹿或人类，任何针对脖子（或其他身体部分）的改变只能影响到这一身体部分的细胞所储存的信息。这些信息无法传递到卵巢或睾丸的基因组中，因此也不会遗传下来。

拉马克认为，改变不会随机出现，而是在与环境的交互过程中出现的，正如长颈鹿的故事一样。相比之下，达尔文理论的现代理解为，生物基因组和其环境之间有着屏障，从基因到环境的通路是一条单行道。基因的产物会由环境来检测其对适合度的影响，但从环境中学到的经验却从不直接输入到基因组中。如果环境要求脖子变长，这一信息不会直接传递到长颈鹿的基因中，这些基因也无法转而生产更长的脖子以"顺应"呼声。实际上，某个种群中的长颈鹿由于一系列基因突变而彼此不同，脖子更长的长颈鹿更易获得食物。如果正是由于某些基因突变而导致这些长颈鹿的脖子更长，那么它们的后代会慢慢多起来。解释了癌症发展和免疫系统活动的达尔文理论同样也适用于此。

回到细菌的免疫系统，看看这一系统是如何遵循达尔文理论的。正如本章开篇的解释，在细菌的免疫系统中，基因组中的变异并非随机产生，而是由环境直接导致的。当环境中的病毒入侵细菌时，它们会在细菌基因组中留下蛛丝马迹，这一后天获得的信息将会遗传到细菌的后代中。

一旦病毒序列整合到了细菌基因组中，它们就改变了立场，在细菌的基因社会中繁荣发展，并帮忙抵御其病毒近亲。细菌的免疫系统的工作方式完全属于拉马克式逻辑，支撑这一系统正常工作的并非是经环境试炼的随机变异，而是从环境（病毒）到基因组的直接方式。

这是否意味着自然选择在某种程度上被细菌不同的演化方式取代了呢？尽管细菌免疫系统有部分的确遵从着拉马克原理，但与所有生命体一样，这一系统得以适应环境的核心还是在于自然选择。细菌免疫系统的运行方式涉及了拉马克的设想，但拉马克的设想并不能解释在细菌演化史中这一系统是如何出现的。

尽管我们并不清楚产生细菌免疫系统的演化步骤，但除了遗传性变异和自然选择，我们没有理由认为会有其他说法能够解释这一现象。我们可以想象，在久远的过去，在某细菌细胞种群中，由于管理 CRISPR 系统的基因存在随机突变，因此细菌成员的免疫系统彼此间均有些微差异。那些免疫系统更有效的细菌更擅长对抗病毒感染。随着时间的推移，这些细菌渐渐取代了那些免疫系统效力差的细菌。

细菌免疫系统找到了将重要记忆保存到基因组的方式，而这一从环境到基因组的特殊途径是依据自然选择规律演化而来的。达尔文认为，自然选择能够解释我们看到的所有生物体中一切对环境的适应现象。

拉马克和母乳

正如细菌的免疫系统一样，我们的免疫系统保留了过去被感染的记忆。B 细胞基因组反映了我们一生中进行过的抗争。我们抗争成功的次数越多，记忆细胞的种类也会变得越丰富。当一个孩子首次遭遇麻疹病毒时，其免疫系统要经过全套的"VDJ／超突变／选择性增殖"循环，以学习如何应付这一病毒。相应的记忆细胞会保留在孩子身体里，这些细胞从麻疹病毒那里获得了免疫力。正因为此，我们一生只会得一次麻疹。

遗憾的是，我们免疫系统的基因组记忆不能传递到孩子身上。然而，借助一条非基因、类拉马克理论的途径，母辈曾经的感染可以让孩子受益。母乳不仅为孩子提供了恰到好处的营养，还包含许多免疫相关的分子，例如可以防止有害细菌附着在婴儿肠壁上的特殊糖类。倘若母亲近期接触到了某些病毒或细菌，她母乳中的很大一部分蛋白质都会是其体内生成的抗体。由于这些抗体形状特殊而不易被消化，所以它们可以粘住婴儿肠道中相应的细菌或病毒。此外，婴儿的嘴部和鼻部也存在着这些抗体，用以抑制空气传播性疾病。

于是母乳启动了婴儿的免疫系统，减少了感冒、流感及其他疾病的发生。世界卫生组织之所以建议在新生儿出生的头六个月实行全母乳喂养，并将母乳作为补充一直供给到儿童两岁或以上，这便是原因之一。作为哺乳动物的基本属性，在与病原体的漫长斗争中，哺乳是对抗病原体的绝佳策略。

正如我们所看到的，一种生物对另一种生物的攻击——无论是病毒入侵细菌还是细菌攻击人体——本质上是基因社会间的冲突，在冲突中战斗的正是高效且具有献身精神的特遣部队。人体免疫系统利用了自然选择的力量，从而可以及时对抗敌人。然而，从演化的时间尺度来看，我们的身体不过是暂时的组合罢了。基因社会在一代代人类中演化，从一代到下一代的过渡——制约与平衡从中起着作用——正是下一章的主题。

THE
SOCIETY OF GENES

第三章
性有何用？

与善仁，政善治[①]。——老子

<hr />

① ［与人交往仁慈爱护，称物平施；从政管理柔和有序，德惟无私。］

2013 年，英格兰银行将面值 10 英镑纸币上的查尔斯·达尔文肖像换成了简·奥斯汀（Jane Austen）。这两者都是著名的英国人，但除此之外，你也许认为两者之间并无太多共同点。然而，如果仔细观察就会发现，两者的工作有着相同的主题：他们都曾描写过性。

奥斯汀笔下的女主角们是想找到合适的配偶，而用达尔文的话来说，这些女人是在寻找合适的伙伴，以便将彼此的基因相互组合以繁衍后代，理想的伴侣要能让后代拥有遗传优势和社交优势。有性生殖是推动基因社会演化的一大重要力量。达尔文对基因一无所知，但他明白有性生殖的重要性。如果达尔文尚在人世，我猜他也一定很愿意将 10 英镑钞票上的位置让给奥斯汀——达尔文精神上的同僚。

性的益处：除了显而易见的好处，还有……

从癌症和免疫系统的角度来看，基因社会是在人类个体中演化的。人体细胞形成了庞大的种群，这一种群能够根据自然选择法则进行适应。但即便进行了适应，这一细胞种群最多在生存几十年后也必然会消失。人类基因存活的唯一方式，就是让基因复制品进入下一代，也就是说要进行生育。无论是依照哺乳类动物传统的方式怀孕，还是借助生殖医学那些不断增加怀孕可能的方式，这对人类基因来说都无所谓。我们将采取这一立场，并且使用"性"一词来表示两个个体的基因相混合以生成新基因组的过程。

性真的是繁衍后代的好办法吗？为了探究这一问题，我们首先要明白，孕育后代时，父母双方各提供了些什么。为了生育，父亲一方要同意只将其基因组中的一半复制到孩子基因组内。来自父亲的遗传物质会在每一代中削减一半：他的孙儿只能继承他四分之一的基因组，而他的曾孙只能继承他八分之一的基因组。在仅仅十五代之后，来自父亲的20000个基因会大幅减少，父亲的后代平均最多只会遗传其一个等位基因。

如果母亲一方可以直接单独进行生育工作呢？这可能听起来不靠谱，但这在某些动物中是确实存在的。与其寻找"合作人"的DNA，母亲一方会将自己的整个基因组放入卵细胞中并克隆自身，克隆出的女儿可以依样克隆出外孙女。在经历十五代后，所有母亲的后代仍会遗传母亲的全部等位基因。没有性，也就不会稀释遗传成分。

正如这一看法所示，为了让下一代继承自己的所有等位基因，有性生殖个体要生育的孩子数量是利用克隆进行繁殖的个体的两倍。似乎性有着很高代价，这一负担称为性的双倍代价。为了偿付这样高的代价，必须要有一个相当的好处作为补偿。既然在很多情况下，男性贡献的只不过是自己一半的基因组，那么我们应该从基因组中找寻答案。

有一个老笑话：一个男时装模特儿在鸡尾酒派对上遇到了一个女物理学家。他说："我们结婚吧，我们的孩子会像我一样好看，像你一样聪明。"她回答说："但如果结果正相反怎么办？"如果夫妻的智力和长相分别由双方各自某染色体上的单个等位基因所决定，那么笑话里那两种结果出现的可能性相当。性不会让两个完整的基因组进行合并——如果出现了这种情况，那么每一代的基因组都会扩大一倍，这不符合逻辑。

孩子的基因组只会包含母亲基因组的一半和父亲基因组的一半。因此，孩子的智力和长相如何，就要看孩子遗传的究竟是父母哪一方的哪一半基因组了。性对基因社会的影响就在于这等位基因的随机混合。

并不是所有的生物都会利用性进行繁殖。细菌之间无性，至少没有我们所认为的性（之后会有详述）。细菌复制自己的基因组，并克隆自身，以此来繁殖后代。母细菌和子细菌的基因组是一模一样的，只是少数偶发突变的情况除外。这种情况下没有代价高昂的稀释现象。

接下来的这一实验演示了细菌的演化方式。我们可以在培养皿中制造一个微型橄榄球场（图 3.1 展示了其中一半），并在培养皿底部涂满细菌喜食的糖溶液。在球门线之外的区域里，我们在糖溶液中加入抗生素（antibiotics），并逐级提高抗生素浓度：在球门线和 10 码线之间用 1 倍浓度，在 10 码线和 20 码线之间用 10 倍浓度，在 20 码线和 30 码线之间用 100 倍浓度，在 30 码线和 40 码线之间用 1000 倍浓度，在 40 码线和 50 码线之间用 10000 倍浓度。然后，在这一区域中均匀地撒上细菌，静观其变。一开始，你会看到细菌只在无抗生素的球门区增长。很快，球门线内会出现数万亿（就是百万乘以百万）细胞。

最终，会有几块细菌块开始向球门线外延伸，进入有抗生素的区域。正如癌症的演化一般，数万亿细菌细胞每进行一次分裂，就有一定可能性将某新型基因突变引入相应基因组。数万亿次细胞分裂后，会产生无数各异的基因组，偶尔会有少数突变基因组使其携带者能够进入有抗生素的区域。与癌症同理，数量多，则力量大。

细菌会从那些幸运的突变体所在的区域开始延伸，直到占据从球门线到十码线的所有区域。然而，由于十码线之外有着十倍浓度的抗生素，这些细菌无法继续在那些区域生长。为了进行入侵，细菌需要更高超的技能——这要通过更多基因突变来获得。不过，延伸到十码线的新型基因组数量庞大，最终总会产生可以占据下一区域所需的突变。这种扩张、变异、增多的过程会一直持续，直到从培养皿两边开始生长的细菌种群相遇。最终，两方会展开竞争，争抢培养皿中部剩余的糖分。

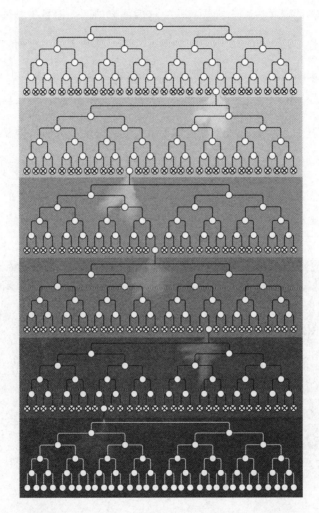

图 3.1：图为哈佛医学院的罗伊·基松尼（Roy Kishony）和其同事们所进行的实验。将装满糖溶液的长方形大培养皿像橄榄球场上的码线那样划分成几个部分。本图中所显示的是培养皿"橄榄球场"的一半，从图中顶部的底线区开始，在图中底部的 50 码线处结束。顶部的底线区里没有抗生素，而在 0 码线到 10 码线中间的区域有浓度较低的抗生素。在 10 码线外、20 码线外、30 码线外、40 码线外的区域（从上至下），抗生素浓度依次增加十倍。当细菌薄薄地覆盖了整个区域后，它们会一波波地增殖：首先覆盖到球门线，再覆盖到 10 码线，之后照此继续。细菌每跨过一条线都需要进行额外的突变，而当经历前次突变的细菌足够多时，才能进行下一次额外突变。

与癌症一样，细菌会产生多种基因突变，每种突变都会帮助它们穿越一道防线，而这种进程会因为每次突变后的增殖而变得越来越快。对抗生素耐药性逐步增强的方式与癌症的发展方式一样骇人：多重耐药菌感染的发病率增长如此之快，超过了制药公司研制新型抗生素的速度。

细菌的增殖过程中，每个子细胞在基因方面与其母细胞一致（除了少数基因突变），而细菌增殖有着如下重大的局限性。许多细菌都有可能独立产生不同的基因突变，每种突变都可能会提高对抗生素的耐药性。然而，只有其中一种突变体的后代最终会胜过其他细胞，从此使该突变在细菌的基因社会中牢牢地扎下根来，而与之竞争的基因突变则会被淘汰（见图3.2）。

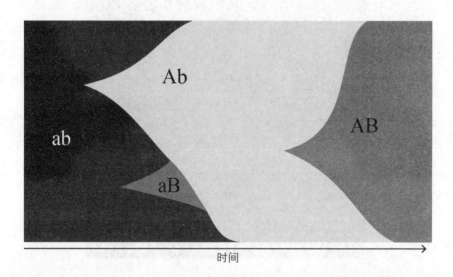

图 3.2：细菌基因社会理论上的演化情况。这里我们重点讨论两个基因，这两个基因有两种可能的等位基因：适合度较低的等位基因（a 和 b）和适合度较高的等位基因（A 和 B）。箭头表示时间先后。如果画一条与时间轴垂直的线条，那么每一条这样的垂线都显示了等位基因在那某一时刻的分布。一开始，所有细菌携带的都是适合度较低的等位基因 a 和 b。之后，适合度较高的等位基因 A 和 B 独立演化出来，在 Ab 和 aB 个体中与等位基因 a 和 b 共存了一段时间。但由于细菌里没有有性生殖和重组，这两个突变无法并入同一基因组中，因此 aB 组合遭到了 Ab 组合的排挤。很长一段时间后，B 突变在某 Ab 个体中再次发生，由此终于产生了将两种有益突变相结合的细菌。

如果细菌进行有性生殖，细菌获得耐药性的过程会快得多。在此种情况下，每种有益突变都能与同一基因组中的其他有益突变相联合，从中获益。两种拥有互补突变的细菌所产生的子细胞将比其任一母细胞都更具有适应性，这一子细胞也许能立即跨入微型橄榄球场的下一条码线。

无性的情况下，相互竞争的有益突变中，除了最后保留下来的那一个以外，其余的都丢失了。与丢失突变类似的基因突变有可能会在后代中出现，但也有可能不会出现。细菌的基因社会回避了性的双倍代价，但却要支付另一种代价——无法将不同基因组中产生的有益变异结合起来。细菌适应环境变化的能力还是很强的，这有赖于细菌庞大的数量。但在像人类这样个体数量较少的种群中，一旦适应环境变化的速度决定着我们的生死，无性生殖必然会让我们走向灭绝。

所有的哺乳动物都背负着伴随有性生殖而来的代价——基因稀释（genome dilution），然而，作为回报，它们也能将父母的有益特质结合起来，遗传到孩子身上。尽管这听起来一点也不浪漫，但有性生殖不仅能让优质的等位基因组合到一起，还能有效地清除基因社会中的有害突变。

想象一下一对夫妇，他们的基因组都包含有害突变，且每种有害突变所影响的基因都不同。如果两人分别利用克隆进行繁殖，他们基因组中的所有等位基因都在劫难逃：随着时间的推移，他们的克隆后代由于不堪有害突变的重负，终将会在生存竞争中失败。然而，如果能找到一种方法，将双方完好的等位基因结合并遗传到孩子身上，省去有害变异，那么留下的等位基因会因此得以生存——它们终于成功地和基因组上那些累赘的邻居们分离开来了。

这就是性的意义。有性生殖让等位基因有机会实现自己的"美国梦"。

有性生殖让等位基因间解除了联系，因此，即便有益突变出现在了糟糕的基因组社区里，这个带有有益突变的等位基因还是有机会成功的。我们很快会看到，等位基因可以搬到新的社区，并慢慢受到欢迎，而其原来社区所的有害等位基因则不会有这么好的发展。从本质上讲，有性生殖之所以能在基因社会中演化，是因为有性生殖让社会成员不断结交新盟友，从长远来看，这让合作变得更有效率。

还有另一种观察角度。桥牌等牌类游戏需要团队才能进行。如果这些团队是固定的，那么，决定一个玩家成功与否的是其同伴的技术，优秀玩家和菜鸟玩家组队不可能会有出色表现。然而，如果每轮都随机组队，那么决定玩家总成绩的就是他自己的素质了。同理，通过有性生殖，基因社会将多种多样的等位基因团队组合到基因组中，所以，从长远来看，自然选择能推广表现最好的等位基因。

性是平等的

两组染色体上对应的等位基因都遗传自我们的父母，而每一对等位基因中只有一个会遗传到我们的孩子那里，另一个只能留在原位。为了保证公平性，有性生殖的物种有种特殊的细胞分裂方式，称为减数分裂（meiosis），它是有性生殖的核心。

如果染色体完整无损地进行代代相传，那么基因的混合程度将会十分有限。比如，1 号染色体上 4000 个基因的所有等位基因将会永远命运相连。拿那个笑话中的物理学家来说，假如她的形式推理能力来自其母亲 1 号染色体上某个特别的等位基因，而她的创造性思维能力则来自于其父亲 1 号染色体另一基因的某等位基因，如果这位物理学家只能将其中一个 1 号染色体的传递下去，那么她的孩子将永远不会同时获得这两种能力。

如何公平地混合父母双方的 1 号染色体呢？首先，细胞机器会复制出每个染色体的拷贝。然后，相匹配的 1 号染色体会排成一排，成对的 1 号染色体会被切成两半或是更多相对应的碎片。从这些碎片中为每个区域选择一片，就组装成了新的染色体。选择并无导向，是随机的分子活动决定了 DNA 重新组装的方式。这种为生产卵细胞和精细胞而做的重要的基因组准备工作称为重组（见图 3.3）。

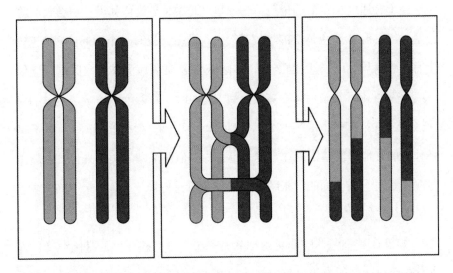

图 3.3：在复制完成后，为了能进行重组，来自父方和母方的染色体拷贝各有两个相连的染色体拷贝。这两对染色体会彼此交换相匹配的区域来进行重组。

借用理查德·道金斯在《自私的基因》一书中所用的类比，想象一下，外公有一整副蓝牌，而外婆则有一整副红牌，当这两副牌在其女儿的卵细胞生产过程中重组，会生成新的几副牌，每副牌都有整整五十二张，只不过是蓝牌红牌相间的。有性生殖的意义在于，将等位基因混编并组合成新的基因组。重组机制使其达到了这一目的。

除 Y 染色体外，所有的染色体都会进行重组。Y 染色体通过一个名为 SRY 的基因（Y 染色体性别决定基因）决定了胚胎的性别：当该基因在胚胎中存在并正常工作时，胚胎性别为男；当该基因在胚胎中不存在时，性别为女。当 SRY 基因无法正常工作，或本应与其作用的蛋白质无法识别 SRY 基因时，即便具有 XY 染色体组合也会使胚胎性别呈女性特征。

由于男性只有一个 Y 染色体，而女性却没有 Y 染色体，所以 Y 染色体永远不会遇到相匹配的染色体——也就是说，Y 染色体没有机会将其等位基因与其他 Y 染色体上的等位基因进行混编。只有一个例外：Y 染色体上有一包含约 20 个基因的区域，该区域与 X 染色体上某对应区域成镜像。

在男性中，当染色体在减数分裂中配对时，X 染色体和 Y 染色体的对应区域会联结起来，像其他 22 对染色体一样在此区域进行重组，但 Y 染色体上的其他等位基因则注定要永远相伴。借用洗牌的类比来说，这就像是 Y 这副牌只有上面的几张牌会与 X 这副牌进行换牌，Y 中余下的牌永远不会参与洗牌。

如果某 Y 染色体的非重组部分有一个十分有破坏性的基因突变，那么此染色体上的所有等位基因都在劫难逃，因为该突变无法被清除。然而，如果突变只对其携带者具有轻微的损害，那么此染色体也许还能勉强过活。如果不进行重组，就无法将单个有害突变从 Y 染色体中清除，于是 Y 染色体会慢慢衰减。

有确凿证据显示，在一亿五千万年前，X 染色体和 Y 染色体是相匹配的一对，正如我们体内其他 22 对染色体一样。慢慢地，这两条染色体间出现了不对称现象，两者开始渐行渐远。如今，X 染色体包含着约 2000 个基因，而 Y 染色体上的基因却少于 200 个。

由于在数百万年中缺乏可以配对的染色体，Y 染色体上的基因就被突变一个接一个地永远抹去了。与此同时，女性体内的 X 染色体则能够通过与第二条 X 染色体的重组而有效清除掉同样有害的突变。

具有讽刺意味的是，决定胚胎性别的染色体是唯一一条为"无性"所困的染色体。如果人类存在的时间足够长，那么数百万年后，Y 染色体也许会全部消失。在那之后，缺失第二条 X 染色体也许会成为区分出男性的特质。生活在日本某些海岛上的棘鼠已然如此——虽然没有 Y 染色体，它们还是活得好好的。

回到洗牌的话题上：一旦女性的染色体经过重组进入新的组合，每对染色体所生成的新染色体之一将会进入新产出的卵细胞中。从等位基因的角度来看，进入卵细胞是其进入下一代的唯一机会。如果某等位基因一直无法进入卵细胞或精细胞中，那么它就会灭绝。鉴于存在如此大的风险，减数分裂能够保证公平性着实令人惊讶——但减数分裂确实是公平的。如果在卵细胞和精细胞中分配位置时出现了任何系统漏洞，那么基因社会就会充满了得逞的作弊者，而不是那些最有利于基因社会整体生存的等位基因。

在减数分裂中，每个等位基因都有 50% 的机会可以乘坐进入下一代的专用列车。但这并非是确定的——减数分裂就像掷硬币一样。在第四章，我们将会看到，随机性在确定等位基因的命运时起重要作用。关键在于，减数分裂无视个体等位基因的质量高低。通过重组来变异进行组合的方式是随机的——这之后，非随机性则会以自然选择的形式出现。

如果让母亲的细胞根据绩效来决定哪些等位基因可以进入卵细胞，从两个相匹配的等位基因中选出更好的一个，这样岂不是比掷硬币的方式更好吗？假如对某个基因来说，母亲体内某染色体上有一个正常工作的等位基因，遗传自其母亲，还有另一个染色体上有缺陷的等位基因，遗传自其父亲。减数分裂给了有缺陷的等位基因同等的遗传机会，而不是一直选择功能正常的等位基因。这似乎并不是一个高效的系统。

但是，若要替换减数分裂，那么该由谁来决定基因拷贝的好坏呢？我们在第五章将会看到，等位基因的影响，以及"质量"，很大程度上是由某基因组中其他与之合作的基因版本决定的。因此，即便存在可以替换减数分裂的机制，并且该机制能够分辨现有基因组中两相竞争的等位基因究竟哪个更好，但这种机制也无法准确预测哪个等位基因可以在下一代中有更好表现。

同样的，为何每个公民都有选举权呢？如果某些公民因为具有道德高尚而获得了选举权，又会怎样？当然，问题在于如何定义道德高尚。那么，如何保证在评判这些素质时永远不出半点差池呢？

也许比精英制度（meritocracy）所带来的不确定性更为严重的后果是，这种制度会让其成员有作弊的可乘之机：如果某人或某物决定着哪些人更为优秀，那么这种决定也许会被人左右。因此，与其在去往下一代的专列上赐予优良基因一席之地，基因社会给予了其成员平等的权利。

有性生殖所带来的无数可能令人震惊。为了感受其不可思议之处，想象一下，一种生物的种群其基因组只包含 1000 个基因，每个基因都有两种不同的等位基因，我们称之为 A 型等位基因和 B 型等位基因。某基因组的一半的第一个和第二个基因可能是 A 型等位基因，而第三个基因是 B 型等位基因，以此类推。那么，对于半个基因组来说，可能存在多少种不同的组合？

计算并不复杂。第一步是根据第一个基因所包含的等位基因，将可能的基因组分为两组。在这两组中，分别又会依据第二个基因上的等位基因而分成两组。总计，由第一基因和第二基因区分会分出4组（2×2）。按照这种逻辑继续，最终会有2×2×2…×2种分组——也就是2的1000次幂种组合方式，这一数量比宇宙中已知范围内的原子总数还要多。

别忘了，1000个基因并不算多——人体基因组包含20000个基因，并且真正的基因组中的等位基因也远远不止两种。我们将在第四章看到，每个人类基因往往有十个或成百个等位基因。

即便不考虑新的基因突变，已存在的基因组之间的混合便已经能生产出多得令人眼花缭乱的新型变异。通过重组，人类种群尝试过的变异组合数量远远超过了那些无性生殖的物种。新基因组中如果出现了无法共同进行工作的变异体，那么这种新基因组也不会成功。其他的组合则会配合得天衣无缝，比如，那个模特和物理学家虚构出的美貌与智慧并存的孩子。

基因社会的组织形式十分类似中世纪欧洲城市中管理手工艺和贸易的行会系统。每个行会都会严格规定其成员的生产范畴和所用工具。这些要求明确划分了各个行会。

可以说，每个基因组对应着一群工匠，每个行会只派出一名成员到基因组中。因此，重组和有性生殖不会将20000个来自基因社会的随机等位基因胡乱塞进同一基因组中。染色体上的某特定位置总是由某相同基因的等位基因所占据——来自同一行会的工匠。重组时，染色体臂（chromosome arm）的交换是经过精心组织的，以便保证我们从父方遗传的一部分染色体将会正好替代从母方遗传的对应部分的染色体。因此，将染色体组织进"行会"当中能保持秩序，也能保证基因的位置原封不动。

尽管了解了有性生殖的所有益处之后，也许你还是觉得克隆自己比较有吸引力。但是，要考虑一下无性繁殖时基因突变对其携带者带来的后果。短期来看，新生成的等位基因确实会表现不错。从你阅读本书这一选择来看，你的基因组将你塑造为了一个聪明且有品位的人，因此，你的克隆人和克隆人的克隆人也会遗传这套不错的基因。但从长远来看，就会出现问题。你的后裔中只能产生一种变异，即由偶然的基因突变引起的变异。这些突变其实是克隆过程中产生的错误。但是，由于缺乏明显的变异，你将来的克隆人在面对危机时也会处于极其不利的地位。例如，这些克隆人适应气候突变的速度将十分缓慢。在克隆繁殖的情况下，必需的基因突变得在克隆母女家系中一个接一个地出现，也就不可能将不同个体中产生的有益突变结合起来。最终，你的克隆种族会与基因社会的其他部分割裂开来，将有可能走到演化的尽头并面临灭绝。

这并不是一种假设情况。很多动物物种不需要有性生殖，其中包括某些鲨鱼、蛇类、昆虫等物种。这些物种存在的历史似乎都不长。它们的灭绝速度很快，利用克隆方法很少能生存几百万年以上。几乎所有我们见到的无性繁殖的动物物种都是自然界近期才进行的实验，试探物种拒绝付出性的双倍代价后会发生什么。当环境变化速度超过这些物种通过个体突变而进行适应的速度时，它们就有麻烦了。在哺乳动物中还未观察到通过无性生殖以繁殖后代的物种。因此，我们这种动物成功的原因之一也许在于，我们强化了自身的生殖系统，抵制住了对代价低而终将致命的无性生殖的诱惑。

那么，为何进行无性生殖的细菌并没有灭绝呢？正如我们从小型橄榄球场实验中看到，细菌数量多、力量大。此外，尽管细菌并不进行我们所知的有性生殖，但细菌发现了互相交换基因的其他方法。我们将在第六章和第七章看到，细菌可以将自身的基因进行混合和匹配，它们只不过没有使用其他有性生殖物种的那种高度有序的繁殖方式。

人们一直认为，有一种动物——蛭形轮虫（bdelloid rotifers），凭借无性生殖的全雌性生活方式生存了数百万年。如今我们知道了，从基因社会的角度来看，这些雌性动物并非仅仅进行着无性生殖。它们利用了类似细菌用到的基因组混合策略。所以，从遗传学角度来讲，孤立确实是一种慢性毒药。

豪赌和大老千

减数分裂是一种公平的方法，但是也有有趣的例外出现，这在生命科学中并不鲜见。如果某等位基因一直能够进入其携带者 50% 以上的精细胞或卵细胞中，那么这个等位基因将在基因社会中有更好发展。事实证明，这其中确实存在一些成功的作弊者。

这类作弊行为的例子之一会引起名为"软骨发育不全症"（achondroplasia）的疾病，每 20000 个新生儿中就会有一个患此病。先天软骨发育不全症患者的软骨组织无法转化为骨骼，导致四肢短小；成人之后，这类患者的身高一般在 1.3 米（4 英尺 3 英寸）左右。此病的病因几乎都是因为在睾丸生产精子的过程中产生了一个基因突变：成纤维细胞生长因子受体 3 基因（FGFR3 gene）中的一个特定字母被替换了，该字母负责编码接受生长信号的感应器。

鉴于基因突变发生的一般概率，软骨发育不全症的发病率本应更低。平均来看，每次细胞分裂中，所有基因组的 60 亿字母中出现的新突变数目不足一个。即便将精细胞生产中进行的多轮细胞分裂考虑在内，这等突变概率所引起的软骨发育不全症在新生儿中的发病率也只相当于不到一百万分之一。所以，为何软骨发育不全症实际上的发病率会高出许多呢？是否因为导致该疾病的那一个字母十分不稳定，从而使其比我们基因组中其他字母的突变频率更高呢？

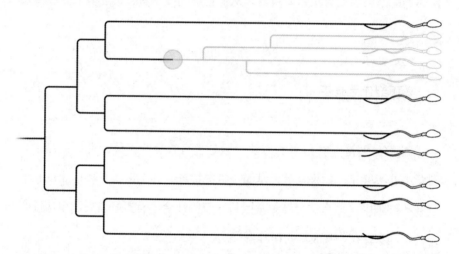

图 3.4：图为精子生产过程中的自然选择的示例。新突变（灰色圆圈）会增加精子生产过程中的细胞增殖速度，保证该突变对应的等位基因比其他等位基因遗传到更多的精子中。

原因并不在此。原来，这一字母的突变不仅会影响软骨组织，还会在生产精细胞的过程中增加突变细胞谱系的分裂速度（见图 3.4）。由于这些细胞增殖得更快，在成熟的精子中，带有此类突变的细胞所占的比例是其他细胞的 1000 多倍。这是自然选择法则在人体内部发生作用的又一例证：

对睾丸中的细胞来说，正如对森林中的生物来说一样，后代数量是衡量生物适合度的标尺。导致软骨发育不全症的新基因突变胜过了其对手，可以有效地操纵正常的概率，增加自己进入下一代的概率。

这是自然选择的特例：新出现的基因突变会增加自身进入下一代的概率，但仅仅止步于这一代。先天性软骨发育不全症患者的所有精子前体细胞都以同样快的速度增殖，因此该突变的优势也就消失了。

其他用以破坏有性生殖平等范式的手段则要阴险狡猾得多。我们知道，在果蝇的基因社会中存在着完全利己的剥削现象，我们也有理由相信，这类遗传诈骗行为也存在于人类基因组中。其中一种剥削系统包含两个犯罪分子，它们是在染色体上比邻的两个基因。在生产精子的过程中，其中一个基因指使分子机器烹制毒药，另一个基因则提供解药。毒药出口到细胞外，而解药则会留在细胞内。该基因对会毒死所有不含毒药／解药基因对的精细胞，以此保证自己的传播（见图3.5）。

这对狡猾的基因不会为携带者的生存或生育带来任何益处，在构建血管、完善大脑、抵御有害细菌方面也无任何帮助。遗传了此对基因的雄蝇绝不会因此表现得更好，与之相反，该雄蝇会付出惨痛代价，杀死自身的许多精子。这对基因破坏了果蝇基因进入下一代的机会，而它们自身却会从中受益。这对基因可以进入大部分精细胞，因此它们遗传到携带者后代身上的概率远远超过了50%。

还存在其他具有重大影响的骗术。要记住，与能将所有基因突变都遗传到下一代的单细胞细菌不同，只有我们父母细胞中参与生产精细胞和卵细胞的细胞谱系——生殖细胞中所发生的基因突变才有可能遗传到我们身上。如果你在生命之初就获得了某些全新的东西——父母双方均不具备的

等位基因，这个等位基因新贵的出现一定是因为你父母一方的生殖细胞中
出现了基因突变。

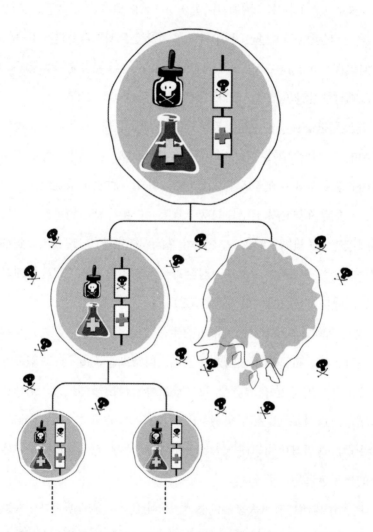

图 3.5：图为毒药／解药自私基因对。基因组中携带该基因对的精子细胞
能够生产有毒蛋白质及其解药。只有毒药会转移到细胞外，杀死所有无法
生产解药的邻近精子细胞。

你会遗传大约 60 个这样的新突变。大部分新突变都只是复制错误，即意外地调换了某个基因组字母。你也许会感到惊讶，其实父母的慷慨程度是不同的：你的父亲所赠予你的新基因要多过你的母亲。这是由于生殖细胞生产方式的巨大差异所造成的。男性生殖细胞的增殖速度十分快：在男性一生中，其能生产出数千亿精细胞。相比之下，女性终其一生只能生产几百个卵细胞。

当你父亲 21 岁时，他的每个精细胞都已经进行过约 300 次细胞分裂，并且还将继续分裂。你的母亲在同一年龄时，其卵细胞只经历过 22 次分裂。其所有的卵细胞基本上都是在其出生前就预先生产好的，所以即使卵细胞在成年后排出，细胞分裂次数也不会上升。男性体内细胞分裂次数较多，也就意味着会产生更多复制错误，这也就解释了为何你的大部分基因突变都来源于你的父亲。

在固定的细胞谱系中生产精子的过程始于青春期，如此年复一年，直到寿命终结。在此过程中，越来越多的基因突变随着一轮轮细胞分裂而积累。正因为此，许多遗传病的发病率会随着父亲的年龄增长而增加。马凡氏综合征（Marfan syndrome）就是一个例子，每 5000 人中就有一人患此病。

该疾病病因为原纤维蛋白 -1 基因（*fibrillin-1 gene*）出现缺陷。该基因负责某种类似纤维的人体组织，该组织在构建结缔组织（connective tissue）中起着重要的作用。结缔组织十分重要，它参与形成了骨骼及心脏瓣膜等多种不同的身体部件。患有马凡氏综合征的患者有异常高的身材，以及长而细的手指。患者的肺部、眼部、主要动脉通常会出现问题。

马凡氏综合征中的大部分病例都是由于父亲睾丸中产生的新基因突变所导致的。因此，男性 50 多岁时所育的孩子与 20 岁出头时所育的孩子相比，前者由于一个新基因突变而患上马凡氏综合征的概率约为后者的 10 倍。

确实，只有在极少数情况下，突变是有益于基因社会的。像几乎所有的物种一样，人类对自己的生存环境已经相当适应了。因此，大多数新突变——如果对人类有明显的影响，一般会降低而非提高适合度。如果男性希望减少遗传给下一代的基因突变，那么他应该在成年后尽早进行生育，那时积攒在其精子中的基因突变相对较少。

这和你无关

在理解性的过程中，我们是从单个基因角度进行探索的，而不是从基因组的携带者——男性和女性的角度来观察的。正如理查德·道金斯在《自私的基因》中所写，人类个体只是分子的暂时组合而已，而基因和其等位基因却会存在数百万年以上。

基因操纵了我们，将我们作为其"生存机器"，从而进入了后世后代。之所以称为"生存机器"，并非暗示基因希望我们生存下去。基因所设定的我们的生存时长，只不过足够让我们生育足够多下一代以便它们的延续。

性的民主就是进行洗牌，将等位基因进行再分类。有性生殖的机制是由许多基因编码的蛋白质建立的。它们在基因社会中赢得了一席之地，因为它们提供了一项有益的服务——有性生殖将基因与基因拆开，所以，在每一代人中，许多不同的等位基因组合都会经受环境的考验。有了有性生殖，环境所考验的实质上是每个等位基因自身的质量，一代人便是一次考验。

也许你会反驳说，在将基因遗传下去之前，你是作为一个人类个体而生活或死亡的——因此，难道自然选择法则不会作用于人类个体这一层面吗？比如说，你体内某染色体上的某等位基因也存在于其他 1000 人中的某染色体上。这些人所生孩子中的一半都会遗传此等位基因，所以该等位基因的命运就全凭这些人所生孩子的总数来决定了。平均下来，如果携带该等位基因的人们所生孩子数量高于那些携带同一基因的其他等位基因的人，那么该等位基因还是会继续传播以及繁荣下去。

然而，从基因的角度来看，这些个体中谁育有孩子是无关紧要的。每个个体都只是大战争中的一场小战役，而这场大战决定着等位基因的传播频率。某等位基因导致其一半的携带者早逝，而另一半携带者所生孩子数量为平均数量的四倍，那么该等位基因的后代数目将会是其对手等位基因的两倍。尽管遗传了该等位基因的人们中有一半终将大难临头，但这个等位基因却会有不凡的发展。

性的基因组战争

认识性染色体的区别只是我们了解男女之别的开始。尽管除了 Y 染色体，其他所有染色体上的基因在女性和男性中均会遗传，但是这些基因中，许多仅在男性体内处于活跃状态，而另一些则仅在女性体内呈活跃状态。

导致两性间产生许多差异的主要原因在于，女性通常会比男性更多地投资于孩子，至少在初期如此。母亲会生产出卵子，卵子贮藏着许多能够支持早期胚胎的营养。而父亲的精子只是为了尽善尽美地完成一项任务：更有效地将其自身 DNA 输送到卵细胞中。

在胚胎于母亲子宫中发育的九个月中，父母间早期投资的不平衡状态会持续，并且在母亲对婴儿进行多个月的哺乳过后，这种不平衡一般会达到极点。正因为这种不平衡，男性和女性也演化出了不同的本能策略。最终，因为母亲在后代上花费的心血更多，所以她在选择配偶时也就更加挑剔。毕竟，对于母亲来说，不良决策的代价更高。因此，如果出现了某个让女性携带者变得更加挑剔的等位基因，那么该等位基因将会增加携带者的适合度，其因此有可能在基因社会站稳脚跟。

男性和女性的不同策略导致了父母间激烈的基因战争，而胚胎则是双方交战的战场。如果母亲生出的婴儿较小较弱的话，母亲可以保留一些自身的资源，从而增加自己安全分娩并活下来继续产子的概率。然而，较小较弱的婴儿在成人前夭折的风险则会增加，所以母亲的投资其实是一种折中的办法。

从父亲基因组的角度来看又是何种景象呢？母亲之后与不同配偶产子的可能性总是存在的。出于这种考虑，如果这位父亲的孩子能在现在从母亲一方获取更多的资源，那么父亲的基因则会有更好发展，这会在母亲付出代价的前提下，增加孩子成功的概率（以及父亲基因组成功的概率）。因此，让母亲在孩子身上投资更多，而不是让母亲仅凭自身利益来进行选择，这才是父亲基因组的最佳策略。父亲不用劝说母亲为孩子做更多付出，这一信息已经编码于他所遗传的基因组中了。

这里存在一个明显的悖论。如果父亲的某基因让胚胎吸收了更多资源，该基因现在一定表现得很好。但这一基因也会导致其孙辈消耗更多资源，无论这资源是来自母亲一方还是父亲一方。一半情况下，该基因遗传自父方，于是该基因在基因社会中的地位会提升；而在另一半情况下，该基因遗传自母方，这将会削减其传播，因为该胚胎会消耗母亲体内为未来的其他胚胎准备的资源。随着时间的推移，这种基因不会有好的发展。

因此，如果某基因得到的唯一指令是"即便妈妈喊停，也要继续吸收"，那么该基因将不会成功。基因信息中必须包含一项条款，规定当该基因遗传自父亲时，则听从基因信息继续吸收，但当该基因遗传自母亲时，则忽略该条信息。这种系统称为印记（imprinting）。

尽管细胞通常无法分辨基因究竟来自母亲还是父亲，包含印记基因的染色体区域经过化学修饰，可以影响印记基因的表达。其中，某些精子上的基因得到印记，以促进胚胎的生长。为了对此进行弥补，母亲则会为其卵细胞中其他可以减少胚胎生长的基因刻上印记。简言之，我们的基因组反映的不只是免疫系统和细菌病毒间的军备竞赛，也反映了两性间的军备竞赛，而参战双方则是我们基因组的一半和另一半。

你是否想过，为何几乎所有有性生殖的物种中所包含的雄性和雌性的数量大致相同？动物的商业养殖表明，单个雄性绝对有能力与许多雌性交配产子。因此，大体来说，如果男人数量减少而女人数量成比例增加，那么整个人类在历史的进程中会产出更多孩子。

你也许会认为，减数分裂将父亲一方的 X 染色体和与其成对的 Y 染色体以相同的概率塞入精子中，从而生产出同等数量的男性和女性。但答案并非那么简单。毕竟，在短吻鳄等其他物种中也出现了雄性雌性数量相等的情况，而短吻鳄的性别并非由减数分裂决定，而是由一种完全不同的机制所决定：蛋的孵化温度。当短吻鳄妈妈选择好筑巢地点后，它也就决定了短吻鳄宝宝的性别：建在堤岸上的巢穴较温暖，从而出生的大多数为雄性；而建在潮湿沼泽的巢穴则更凉爽，从而出生的大多数为雌性。

由于每个孩子的基因组中有一半来自父亲，而另一半来自母亲，因此父母这一代的父亲群体和母亲群体拥有同样多的孩子。若动物饲养场中有一头公牛和一百头母牛，则每头小牛犊的基因组有一半来自母牛，另一半来自那头公牛——个体数量较少的性别中（这种情况下，为雄性），每个个体平均拥有更多后代。

换种方式来说：如果某社会中的男性多于女性，每个后来加入的女性一定能找到丈夫，而每个后来加入的男性则很难娶到妻子。这一简单的过程有助于增加数量较少性别的出生率，从而恢复50∶50的性别比。

就我们目前所知，短吻鳄妈妈不会预先数清附近地区的雄性和雌性短吻鳄宝宝的数量后再选择筑巢地点。但如果短吻鳄种群中出现了性别比例失衡现象——比如，因为气候变化导致雄性短吻鳄出生数量大于雌性短吻鳄，那么，任何能让筑巢选择倾向于较冷地点（从而产生更多雌性短吻鳄宝宝）的基因突变都能提高个体的适合度，因为雌性短吻鳄宝宝长大后更容易寻找配偶。自然选择的三个条件——变异、可遗传性、对适合度的影响，均已具备，那么随着时间的推移，这种基因突变在种群中会出现得更加频繁。当性别比再一次接近50∶50后，这种适合度方面的优势会消失，而倾向生产雌性后代的基因突变也会绝迹。

尽管人类新生儿的性别比一直都接近50∶50的比例，但在不同人种中却有差异。有迹象显示，人类中也存在可遗传的性别比变异。当种群中某性别人数较多时，自然选择会发生效用，偏向某些可以生产稀缺性别的等位基因，从而恢复50∶50的平衡状态。

鉴于某些文化原因，有些社会重男轻女。如果因为对胚胎性别歧视而进行堕胎，那么男女出生比例将会失衡。在有些国家，由于性别歧视造成的堕胎，每出生120个男婴，才会出生100个女婴，因此很快就会出现4000万男性过剩的现象。不过经过一定的时间，自然选择能够进行补偿，重塑平衡状态。

不过，还有一种更有吸引力的解决方案。除了道德考量和情有可原的情况之外，有意将女性胎儿进行人工流产的准父母们应该做出决定：他们到底是更担心老有所养的问题（根据传统，应该生男孩），还是更想要子孙绕膝（明显应该生女孩，男孩不一定找得到配偶）。

我们已经看到，有性生殖已演化成为一种有效且平等的机制，使得基因社会能够在不同基因的等位基因间尝试各种联合协作。有性生殖以这种方式提升了自然选择的作用，帮助基因社会适应变化的环境并去除有害的基因突变。是否所有基因社会构成的变化都是因选择而起？有没有仅仅因随机性而繁荣起来的等位基因呢？

THE
SOCIETY OF GENES

第四章
克林顿悖论

我们真正的国籍是人类。——赫伯特·乔治·威尔斯比尔·克林顿（Bill Clinton）在任总统期间可算得上是一个不折不扣的人类基因组计划支持者，该计划是为了确定人类基因组准确的字母序列而展开的探索。该计划始于 1990 年，历时 13 年，并且经历了技术改进的起起伏伏，其中包括在大功告成之前与某商业企业意外进行的竞赛。自始至终，克林顿为该计划提供了充足的追加预算。他的功夫没有白费。在其卸任后的多次演讲中，他常常将仅用 26 亿美元完成的人类基因组计划称为惊人的成就。

在 1999 年的白宫千年演讲会中，人类基因组计划的领导人之一埃里克·兰德（Eric Lander）告诉白宫在场观众，地球上任意两人的基因组有 99.9% 是完全相同的。克林顿十分重视这一看法。所有的战争、所有的文化差异、我们所有的恶性竞争——都是因为我们之间存在的这仅仅 0.1% 的差异吗？难道对这一点的认识不能帮助我们消弭分歧，并让我们为共有的那 99.9% 而共同合作吗？这种观点确实很诱人：如果大家有 99.9% 是相同的——我们为什么不能和平相处呢？

但是，正如埃里克·兰德所说，该观点还有另外一面。回忆一下，我们的基因组共有 60 亿个字母。尽管 0.1% 听起来很小，但这相当于你的基因组与你邻居的基因组间存在着 600 万个字母的差别。600 万个字母的不同便是现实中某些敌对状态的原因吗？

要找到这种 600 万字母的差异，你甚至根本不用与邻居比较。你自身的每个染色体都有两套拷贝，所以你倒不如对比分别遗传自父母的染色体间的不同。你的父母约有 99.9% 的基因组是相同的，因此你从他们那里遗传的两套染色体会有 0.1% 的差异。这是否意味着我们和自己本身也存在矛盾？

要想理解人与人互不相同的原因，我们需要仔细研究一下这 0.1% 的差异。你也许会记起，基因突变类似我们重新键入文件内容时产生的某些意外的拼写错误一样。最常见的拼写错误就是改变了基因组中的单个字母（或碱基）。这种单个字母差异十分常见，报告给克林顿的差异估值——那 0.1%，就是基于这些拼写错误而来。

另一种拼写错误则是由插入或删除某个或某些字母引起的。随着人类基因组研究的逐渐深入，人们发现这类拼写错误比人们想象得更为常见。完整染色体区段——有时包含一个或多个完整的基因——其拷贝数目因人而异。也就是说，你邻居的基因组中也许包含两个 CCL3L1 基因的拷贝（其两条 17 号染色体上一条一个），而你的基因组中也许有五个 CCL3L1 基因的拷贝（两个在遗传自母亲的 17 号染色体上，另三个在遗传自父亲的 17 号染色体上）。如果真是如此，那么你就太幸运了：CCL3L1 基因能够生产一种蛋白质，这种蛋白质能阻断 HIV 病毒进入免疫细胞的途径。你拥有的 CCL3L1 基因拷贝越多，那么你感染 HIV 病毒的概率则会越低。

发现了这些广泛存在的基因拷贝数变异（copy number variation）之后，不同个体之间基因组差异的比率上升了很多，达到了 0.5%，即人与人之间存在 3000 万个字母的差异。不知克林顿是否会继续争辩，称人与人之间这 3000 万个字母的不同不足以引起人类中如此频繁的斗争？我们将其称为克林顿悖论：一方面，我们的基因组有 99.5% 是一致的；而另一方面，3000 万个字母的差异并非微不足道，也值得我们进行更细致地探索。

身高、肤色、面部特征，这些大部分是可以遗传的。许多让你与众不同的更细微的变异也存在于你的基因中。某些这类变异会让我们在疾病面前有不同表现。例如，每人都有一套基因，可以编码一类名为血红蛋白（hemoglobin）的蛋白质，这种蛋白质负责将氧送往全身。在这些血红蛋白基因中，其中一个基因上的一个单字母突变可以导致镰状细胞贫血（sickle-cell anemia），不过只有在遗传自父母双方的血红蛋白基因上均存在此突变时才会致病。

有意思的是，如果你的基因组中既有该基因的缺陷拷贝，又有其正常拷贝，你不仅不会患上镰状细胞贫血，而且患疟疾的概率也会下降。这种基因构成将使你在疟疾频发的地区有相当不错的适合度，因此在这些地区中这种突变的等位基因也较为常见。单个突变一般不算好也不算坏，突变的后果如何要依情况而定，例如，是否从父母双方那里均遗传了该等位基因，以及当地的环境状况。

人体基因组中20000个基因的突变为疾病的产生提供了条件。迄今为止，已发现6500多个突变基因与某些特定疾病有关。这些突变中的大部分并不一定会促成疾病的发展；如果确实促成了疾病发展，这些突变也会经自然选择快速地退出基因社会。

事实上，由于和环境及基因组中其他等位基因进行了复杂的相互作用，这些基因突变只是略微增加了患病概率而已。正如癌症的发展一样，疾病出现症状前会有一系列复杂的步骤，仅凭一个基因突变一般无法引起疾病。

出入非洲

随着基因组测序技术的逐步升级，测序自身基因组的价格也不再令人望而却步了。但把自己的基因组从头读到尾并没有多大意义，将自身的和另一个人的基因组字母序列进行比较，并找寻差异，才会有更多收获。

找到每个细小差异的作用确实不易，但这些差异的数量却能为我们提供宝贵的信息。从克林顿悖论中，我们知道人与人之间存在 3000 万个不同的字母（包括被删除或复制的部分）。如果先将你和你兄弟姐妹的基因组进行比对，然后再与你表亲的基因组进行比对，之后再与陌生人的基因组进行比对，你会发现，差异数量是依次增加的。这并不令人意外——与陌生人比起来，我们本就和自己的近亲更相像。两个基因组的相似度越高，它们的共同祖先所生活的时代就距当前时间越近，换句话说，就是它们的亲缘关系越近。

拿你的父母、祖父母、曾祖父母以及你自己的基因组为例。你遗传了父母各 1/2 的基因组，即遗传了四位祖父母各 1/4 的基因组，也即遗传了八位曾祖父母各 1/8 的基因组。这就意味着，你有 1/4 的基因组与你外公基因组的相应部分是完全一致的（忽略极少的新突变）。在余下 3/4 的基因组中，你外公和和你之间有着 0.5% 的不同，正如两个没有血缘关系的人之间的差异一样。因此，总体来说，你的基因组和你外公的基因组之间有着 0.375% 的差异——比 0.5% 要少 1/4。同理，和与你没有血缘关系的人之间的差异比起来，你和父母之间的差异要少 1/2，而你和曾祖父母之间的差异则要少 1/8。

想象一下，利用基因组相似性来建立家谱：将代表每一家庭成员的照片放在桌子上，用线将基因组最相似的两个家庭成员连起来，然后将基因组相似度次之的两位成员连起来，以此类推。将这一过程持续下去，直到画出一个将所有人都连接起来的家谱。在根据基因组制成的家谱中，每个人都与自己的双亲相连。当涉及到兄弟姐妹时，这一方法会更为复杂。因为正如父母与孩子一样，兄弟姐妹的基因组中总有一半是相同的。若想找

到兄弟姐妹在家谱中的准确位置，则需要更仔细地研究他们基因组的字母

序列。

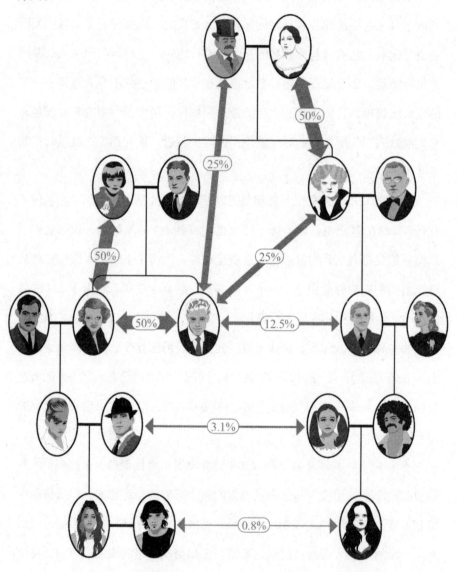

图 4.1: 基因组家谱。百分数代表的是除陌生人之间的基因组相似度外，
家族内各代成员间基因组的相似度。

在每对兄弟姐妹中，他们的基因组会有 1/2 是相同的（见图 4.1）：每人从父母双亲那里各随机继承了 1/2 的基因组，所以对于任一基因，两人均从母亲那里遗传某特定等位基因的概率为 1/2 × 1/2 = 1/4，他们均从父亲那里遗传某等位基因的概率也为 1/4。加起来，他们二人均遗传父母中一方的某等位基因的概率为 1/4 + 1/4 = 1/2。

对于表兄弟姐妹来说，相同的遗传部分可计算如下：1/2（假设两人的母亲为姐妹关系）乘以 1/2（年长的那位母亲与其女儿有 1/2 的基因组相同），再乘以 1/2（年轻的那位母亲与其孩子也有 1/2 的基因组相同）。因此，堂兄弟姐妹的基因组有 1/8 是相同的。但这并不是说，堂兄弟姐妹基因组中相同的字母只占 1/8。回忆一下，任何两个陌生人之间都有 99.5% 的相似性。这意味着，一对堂兄弟姐妹间的差异并非像陌生人之间一样是 0.5%，而是 0.4375%，即比 0.5% 少 1/8。在代代相传的过程中，家族成员间的相似度会不断降低。然而，作为人类大家庭中的一员，我们之间永远存在着大约 99.5% 的相似度。

由所有人类组成的家谱是怎样的呢？逆着时间往上回溯，你会发现越来越多的远房亲戚。往上一代，是你的父母双亲；往上两代，是你的四位（外）祖父母，然后就是八位曾（外）祖父母，接着是十六位曾曾（外）祖父母，以此类推。如果照此推理下来，40 代之前，你就会有一万亿个曾曾曾……曾（外）祖父母。

这一所谓的曾曾曾……曾（外）祖父母的数目高得离谱，是今天生活在地球上总人口数的 200 倍。这是因为，当你追溯到足够久远的过去时，母方和父方的家族往往是同一群人。比如，如果你的祖父母在结婚前是堂兄妹，你只能将他们共同的祖父母（你的两位曾曾祖父母）算一次。人类的历史就是一张关系网，家系在其中分分合合。这一盘根错枝的家谱讲述着我们祖先引人入胜的传奇故事。

基因组反映出的亲缘关系规律使得构建一个连接全世界人的基因组家谱有了可能（见图4.2）。这张家谱可以绘成许多不同精度的版本，但就我们的目的而言，我们只观察根据最强的亲缘关系信号绘制出的图谱。家谱中出现的某些关系在意料之中。例如，法国人的基因组彼此间亲缘关系非常近，并且也和比利时、瑞士、德国这些接壤国家人民的基因组有着密切的亲缘关系。这四国人的基因组也和欧洲其他国家人民的基因组十分相似。事实证明，总体来看，在大多数大洲内部，人们的基因组之间一般都有着较为密切的亲缘关系。

这个家谱所呈现的关系不仅仅反映了当今世界人口的分布情况，还有其他作用。归根到底，人类其实是基因组的运输工具。因此当某个人或某群体搬到新地方后，他们保留了与自己故乡的基因组相似性。不过，新基因突变的出现会慢慢将这种相似性冲淡。因此，我们基因组之间的相似性让重建早期人口迁移史变为了可能。

来自同一大洲的人们一般有着较为密切的亲缘关系，但也存在一条例外：如果将分别来自两个不同非洲种群中的两人相互比较，他们之间存在的遗传差异可能比来自不同大洲的人——比如韩国人和德国人，或阿拉斯加人和澳大利亚原住民——之间的差异还要大。

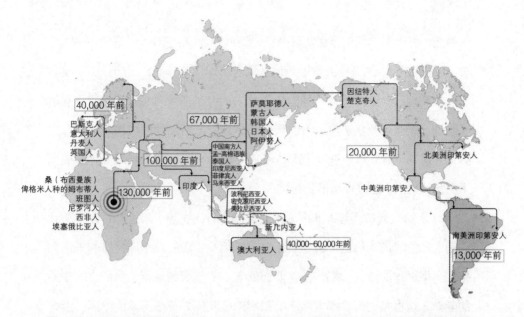

图 4.2：图为世界基因组关系家谱，反映的是从非洲去往其他各大洲的人类迁徙过程。图上的数字标明了人口迁徙是在距今多少年前发生的。人类在近 10 万年前首次迁出非洲，在那之后又过了 8 万多年，人类才终于在 1.3 万年前抵达了南美洲。

要理解为何如此，我们需要追溯到很久之前。我们基因组中的相似性规律显示：解剖学上定义的现代人是在约 40 万年前的非洲演化而来的。非洲大陆上的不同群体长期在彼此孤立的状态下生活，从而分化成了多个基因组差异很大的种群。

之后，不到 10 万年前，一小群人向北迁徙，穿越撒哈拉沙漠进入了中东地区。与仍留在非洲的人们相比，迁徙的人群中彼此间相似度较高。迁徙者们携带的等位基因在如今非洲人仍携带的等位基因中只占一小部分，因此我们得知，这群迁徙者是由少数几个大家族组合而成的。这段奇幻旅程可谓出奇的成功——他们的后代已在世界各地安家落户。

这些基因组记录揭示了人类扩张疆土的步伐。那些在非洲大陆以外发现的基因组中，中东地区的基因组与非洲撒哈拉以南地区的基因组亲缘关系最近，而中东地区正是那些后来移居到世界各地的迁徙者们的第一站。

我们祖先中的一些人从中东地区沿着海岸向东迁徙，定居在了东亚和澳大利亚地区。之后不久，其他的几群人从中东地区向北迁徙，最终到达了欧洲。距今 20000 年前，人们从亚洲穿越阿拉斯加地区进入北美洲，之后又经过约 10000 年才进入了南美洲。约 4000 年前，太平洋群岛地区成了人类到目前为止最晚征服的定居地。

由于这些人口迁移，非洲大陆之外的所有人（除了最近几百年中离开非洲大陆的非洲人后裔）都是当年穿越撒哈拉沙漠的几个以狩猎和采集为生的小型群体的后代。那些留在非洲的人们的基因组保留了他们之间原始的差异，这也是为何非洲大陆上的基因组彼此间差异最明显的原因。但是我们要记住，所有人类的基因组几乎都是相同的。

细菌提供了更多基因组方面的证据，显示出人类起源于非洲，之后再迁移到各地。当第一批人离开非洲到世界各地繁衍生息时，他们并不孤单，还有另一物种舒服地待在他们的胃里，和他们结伴同行——幽门螺杆菌（*Helicobacter pylori*，或简称 *H. pylori*）。

今天的人类中至少有一半都感染有这种细菌，这让幽门螺杆菌成了分布最广的病原体。这种细菌对大部分受感染者并无长期影响，但在某些人中，这种感染会发展为胃炎，即胃部的急性或慢性炎症。

在人的一生中，不携带幽门螺旋杆菌的人相比，幽门螺杆菌感染携带者患上慢性溃疡病的概率要高出 10%，发展成胃癌的概率也会高出 1%。由于幽门螺杆菌只存活于人类的胃中，孩子们携带的幽门螺杆菌是从周围的人那里感染的，因此，幽门螺杆菌主要存在于其携带者的家庭中。

通过从不同地理区域的居民胃中分离幽门螺杆菌并比较其基因组，我们能够重建这种细菌的"迁移"史。鉴于幽门螺杆菌和人类的密切关系，其基因组间的差异也类似于不同地区人类基因组间的差异。正如人类基因组一样，距离非洲越远，幽门螺杆菌的遗传差异也会越小：较非洲内部不同区域的幽门螺杆菌基因组而言，所有非洲以外的幽门螺杆菌基因组之间的相似度更高。

幽门螺杆菌反映了人类大迁徙的过程：首先从撒哈拉沙漠以南的非洲地区穿过沙漠进入中东，然后转移到欧洲和亚洲，又从亚洲扩散到澳大利亚、美洲，最终到达了太平洋群岛地区。

在距今较近的年代，班图人特有的幽门螺杆菌变异体通过大迁徙传播到了全非洲。这一大迁徙从约 4000 年前非洲北部的班图人故乡开始，经过 2700 年最终到达非洲南部。我们可以跟踪观察幽门螺杆菌的殖民扩张之旅。

幽门螺杆菌从 16 世纪起就在欧洲人的胃中征服了全球。目前，少数印第安人、非洲人和澳大利亚人的胃中还携带有典型的欧洲幽门螺杆菌。在一些印第安人的胃中还能检测到极少量的西非幽门螺杆菌，这是由 17 世纪到 19 世纪中叶近两个世纪的奴隶贸易造成的——而这在演化史中只是转瞬之间。

尝得到、看得见的演化

人类个体之间存在着数百万个有差异的基因组字母，其中大部分对于重现人类历史并没有什么帮助。人类基因组中有 85% 的位置会出现两种可能情况——比如，有些人那里为 C，而其他人的同一位置则为 T。将你的某条染色体与你邻居或者地球另一端某个人的对应染色体进行比对，发现不同字母的概率是相同的。或者，将你这条染色体和你自己的另一条对应染色体进行比对，也是如此——别忘了，你遗传自父方和母方的基因组部分也是不相同的。

换句话说，大部分遗传变异并不能将不同民族区分开来。这样一来，克林顿确实能从人类民族大团结中找到些安慰：在人类基因组的差异中只有约15%能用于将人们分为不同种群——且仅限于在最近的演化过程中很少与外族进行通婚的群体。有极少数的等位基因是某些人类种群所特有的。也就是说，该种群内部所有成员在基因组中某位置的字母相同，而地球上其余所有人的该位置上都是另一个字母。在演化过程中，是什么原因导致了这些少数人类种群特有的等位基因的存在？

这类个别种群特有的等位基因大部分都和环境有关。肤色就是一个典型的例子，是适应地理区域的一个重大表现。肤色是妥协的结果。深色皮肤能保护人体不受阳光紫外线辐射的伤害，这对于靠近赤道的区域来说尤为重要。如果过多的紫外线辐射穿透皮肤，随着时间推移，这将对DNA造成损伤并加速皮肤癌在人体中的演化。肤色较浅的人需要涂抹防晒霜也是这个道理。

然而，吸收到的紫外线过少也是有害的。我们的身体需要紫外线辐射以合成维生素D，这一重要的分子能帮助我们的肠道吸收生存必需的化学物质，例如钙和磷酸盐（phosphate）。如果穿透我们皮肤表层的紫外线辐射不足，我们的身体就会缺乏维生素D；没有维生素D，我们可能会患上软骨病——即儿童中的"佝偻病"（rickets）。

预防皮肤癌与合成维生素D之间的最佳折中办法就是将肤色调为特定的颜色深度，从而能让足够的紫外线穿过以合成人体所需的维生素D，但又不会吸收过多辐射。这种"设置"已经由自然选择完成：根据当地的日照强度，使肤色过深或过浅的基因均被淘汰，胜出的是那些能够找到最佳平衡的等位基因。

在赤道附近，强辐射会挑选出强力抵挡紫外线能力的等位基因，也就是导致深色皮肤的等位基因。而在纬度 30 度以上的地区，太阳高度角[①]较小且太阳辐射较弱，这严重阻碍了肤色深的人合成维生素 D 的过程。每个地区的最佳肤色深浅是可以用一个简单的公式精确计算出来的。与计算结果的预测一致，不同版本的肤色基因主宰着不同地区的基因社会（见图 4.3）。

由于自然选择是一个缓慢的过程，你的肤色也许并不能反映出你目前所在地区的紫外线辐射强度。你的肤色只能反映出你的祖辈们所经受的紫外线辐射。在当今全球化的世界中，人口流动频繁，这也导致了许多肤色较浅的人需要使用防晒霜。且近年来日照紫外线辐射强度有所上升，这也使得保护自己以免晒伤变得更为重要。相反，那些生活在较高纬度而肤色较深的人也许需要经常在饮食中补充维生素 D。

当然，肤色并非是固定不变的。皮肤晒黑之后，我们也能实时"适应"太阳辐射强度。肤色是由皮肤底层的特化细胞分泌的一种色素——黑色素（melanin）的活性所决定的。黑色素能吸收光，从而保护更深层的细胞。当接触太多紫外线以致皮肤 DNA 损伤后，皮肤会产生更多的黑色素。然而这种按需合成黑色素的能力终究有限，因此我们生来就有基础肤色，这种肤色反映了我们祖先经历过的太阳辐射强度。

消化牛奶的能力是基因组变异区分人群的又一示例。由于人类属于哺

---

① 太阳高度角是指太阳光的入射方向和地平面之间的夹角，当太阳高度角为 90° 时，此时太阳辐射强度最大；当太阳斜射地面时，太阳辐射强度就小。

乳动物，因此我们在婴儿时期自然以母乳为食。我们的基因组编码了一种可以消化吸收乳糖（lactose）这一牛奶中主要糖分的机制——人体中有一个基因编码了乳糖酶（lactase），这一分子机器可将乳糖分解为葡萄糖（glucose）和半乳糖（galactose）这些小分子糖类。

人类历史中的大部分时间里，人们只在幼儿早期摄入奶类。孩子断奶后，乳糖酶基因就会自动关闭，停止生产。在靠狩猎和采集为生的时期，人类摄入的主要是植物类食物，并辅以肉类或鱼类。因此，在过去几千年中，当哺乳行为停止后，关闭乳糖酶生产以保存身体资源的方式是十分合理的。

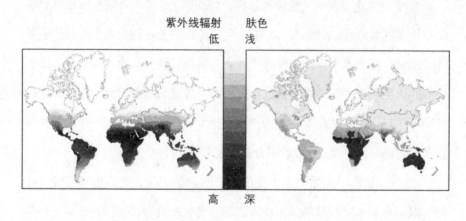

图 4.3： 图为全球紫外线辐射水平和各地原住民肤色。在地球上大部分地区，使人们拥有当地适宜肤色的等位基因在基因社会中占据优势。中美洲和南美洲地区则有例外：肤色较浅的人们在距今不到两万年前才在这些地区定居，自然选择可能还需要更多时间才能让这些人口拥有更适宜且更深的肤色。

在公元前 8000 年左右，中东地区的农民开始驯养家畜，并从家畜身上取奶，人们的饮食习惯也在此时发生了巨大的变化。在那 10000 年后的今天，90% 的西方国家的人们是能耐受乳糖的，即他们在成年后也可消化牛奶。他们原本的基因社会演化发展，在断奶后也保留了乳糖酶基因的表达。

但在一些本无驯养奶牛传统的亚洲和非洲人群中并没有发生此类演化，因此，这些人中只有10%能在成年后继续生产乳糖酶。印第安人在近几个世纪才开始接触乳品业，他们中成人乳糖不耐症（adult lactose intolerance）的病例也是最多的。

要移除在婴儿期后关闭乳糖酶基因的开关，只需要替换该基因控制元件（control element）中的一个字母即可。乳糖不耐症一般在6岁之后才会出现症状，这一年龄比从前狩猎采集时代的断奶时间要稍延后一些。

不难想象，在早期的部落里，人们天生便是不耐受乳糖的。当部落有了驯养的牛群后，若有一个女孩基因组中的乳糖酶分子开关上发生了随机的基因突变，那么她就获得了巨大的优势。她在6岁之后依然具有乳糖耐受力，因此她多了一个宝贵的食物来源。这意味着她有更大的概率在缺少食物的时候存活下来，也意味着更不容易出现营养不良的相关症状。由于具有这项优势，她很可能会比其他女性产下更多的孩子。

这一新基因突变只存在于这个女孩的一条染色体上，因此，她的孩子中有一半将会遗传该突变，并具有与她相同的优势，包括能繁育更多后代。自然选择的三个条件将全部具备。于是，该突变会慢慢地在那个驯养牛群的部落里取代所有乳糖不耐的等位基因。

以演化的时间尺度来看，10000年前驯养牛群只是不久前的一件事情。我们目前掌握了十分有说服力的证据，证明乳糖耐受力是在3000~4000年前才出现在欧洲的。1991年，人们在蒂罗尔地区的阿尔卑斯山脉中发现了距今5300多年、名为奥兹的一具"冰人"木乃伊，从其体内和从距今3800~6000年的欧洲人类骸骨内提取的DNA证明了这一点。在这些样本的DNA中均未发现乳糖耐受突变，说明这一突变在古代基因社会中实属罕见。

今天，人们认为乳糖不耐是一种缺乏症，这多少有些讽刺——实际上，在大部分人类历史中，乳糖不耐才是正常状态。如果你有乳糖不耐症，这仅仅说明你的一个等位基因在基因社会中慢慢变得过时了。不过，乳糖耐受力的演化还可能有另一种走向。居住在肯尼亚南部和坦桑尼亚北部的马赛人驯养牛群以取奶的历史十分悠久，然而他们中的大部分人却有乳糖不耐症。马赛人将牛奶发酵凝结成乳酪，从而减少了其中的乳糖含量。也许正因为此，成人乳糖耐受力在群体中没有了优势，于是没能传播开来。

幸运基因

导致肤色不同或乳糖耐受力不同的遗传变异正是克林顿所担心的那一类，它们能将人们明显区分开来。这些特质的演化彰显了自然选择的力量，但它们其实属于例外情况。人与人之间存在的3000万种差异中，绝大多数并不是由于适应不同环境而产生的。那么，这些差异为何会出现？它们有何作用？

你和邻居之间的3000万个差异中大部分对你们并无影响。在染色体中，为了共同利益而合作构建及控制人体的基因是间隔分布的，起间隔作用的正是不参与构建及控制人体的DNA长片段。那3000万个差异中的大部分就分布在基因之间的这些DNA长片段上。

这些差异的影响较小的另一原因在于基因组"有用"部分的编码方式颇为宽容，即使出现拼写错误也能被正确读取——这在第二章中有所提及。日常语言也有类似的情形："研表究明，汉字的序顺并不定一影阅响读。"

（研究表明，汉字的顺序并不一定影响阅读。）① 此外，基因组并没有确定的"空格键"，用于分隔基因组重要部分的区域可以是任意字母序列。最后，人与人之间的大多数差异实际上是基因组其他已有部分的重复。

如果基因组中的突变并没有功能意义，为何不干脆消失呢？自然选择要求变异对适合度有影响，那么为何对适合度没有任何影响的基因突变——中性突变（neutral mutation），会变得广为分布呢？其实，这种突变之所以可以在基因组中留存下来，靠的仅仅是偶然性。

偶然性对基因组演化的影响可以通过一个果蝇实验来阐释。为了进行实验，首先要依据以下两个标准选出一百只果蝇：其中一半是雄果蝇，另一半是雌果蝇；一半是白眼果蝇，另一半是红眼果蝇（正常果蝇的眼睛呈红色）。眼色是由单个基因控制的，且它对果蝇来说并无影响：白眼果蝇与红眼果蝇的视力并无二致，并且白眼果蝇对异性的吸引力也不会因此增加或减少。接下来，将所有选好的果蝇放入一个适宜其生存的密闭容器中（见图4.4）。

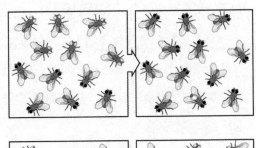

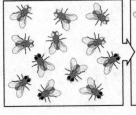
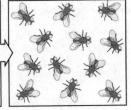

图 4.4： 图为果蝇实验。顶排的实验显示：经过几代之后，白眼果蝇在果蝇种群中不复存在。下面一排的另一实验显示了与上面相反的情况。

---

① 原文为："comsirer how eahily yhu caw unjerstanf thhs tessed-ud sentccce."意为："你能轻易读懂这句打错的话。"此处作者故意加入了拼写错误，表示些许拼写错误并不影响对句意的理解。

经过一代之后，你也许会发现白眼果蝇的比例略有上升，从50%上升到55%，这仅仅是由有性生殖中的随机性引起的：即便所有果蝇的适应性都是一样的，但是总有一些果蝇的后代要比其他果蝇多。之后，同样由于随机性，白眼果蝇的比例可能会在第二代中下降到52%，然后在第三代中回升到56%。可以说，白眼突变在基因社会中发生着漂变①。经过多轮繁殖之后，也许，由于随机性，所有的果蝇都会变成白眼果蝇。当果蝇眼色不再存在任何变异时，这种漂变也随之停止。

与以上相反的情况也很容易发生。由于白眼果蝇后代一般不如红眼果蝇多，所以白眼突变也许才是会消失的那种等位基因。无论哪种眼色消失，相应的变异也会消失，变得荡然无存——当然，除非眼色突变再度出现。

这一随机性规律也适用于人类染色体上产生的新突变。等位基因复制自身的速度是其与自然选择之间唯一的关联。如果新产生的基因突变并不能改变等位基因复制自身的能力，那么该突变的命运将不受自然选择的掌控，而只受随机性的影响。

新产生的基因突变一开始在基因社会中所占的比例都很小——仅仅是一条染色体上的一个等位基因，与基因社会中所有未突变的等位基因的数目相比不值一提。因此，突变的等位基因很有可能在短短几代之内就消亡。大部分新突变的下场都是如此。这就如同在果蝇实验中放入99只红眼果蝇和1只白眼果蝇一般，白眼果蝇最终胜过红眼果蝇的概率十分低。然而，由于偶然性的作用，该突变的频率②还是有可能上升，最终取代曾经居主导

---

① 漂变（drift），此处指遗传漂变（genetic dirft），指某一等位基因在种群（尤其是小规模种群）中的频率由于偶然性而在世代传递中出现波动的现象。

② 频率（frequency）：一个等位基因的频率，是指在一个种群中，该等位基因在这个基因的所有等位基因中所占的比率。

地位的等位基因。

　　果蝇实验所显示的是：最终总有一个等位基因会胜出。在基因社会中，两种具有同等功能的等位基因长期并存的现象是十分罕见的。当我们在某种群中发现某个基因突变时，我们实际捕捉到了演化过程的某一瞬间（见图 4.5）——这个等位基因的命运还未尘埃落定，但它最终要么会灭绝，要么会成为主宰。

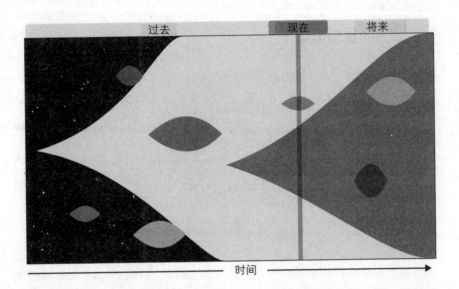

图 4.5： 图为某基因的中新等位基因的兴衰。箭头指示时间先后。如果画一条与时间轴垂直的线条，那么每一条这样的垂线都显示了某一时刻该基因的等位基因分布。一开始，100% 的细菌带有黑色标示的等位基因。每个颜色区域的最左侧尖端表示由突变导致的新等位基因的出现。大部分等位基因会很快消失，但有时新等位基因会一跃升到基因社会中的支配地位，而使先前的等位基因衰落下去。

　　一个关键的问题在于了解每个等位基因在基因社会中的普遍程度——即携带每种等位基因版本的基因组在种群中所有基因组中所占的比例。比如，使人能够耐受乳糖的等位基因在全部人类的基因组中出现的频率在 50% 左右。那么，人与人之间那 3000 万个有差异的等位基因一般有多普遍呢？我们发现，其中仅极少数等位基因的频率较高。只有在这些等位基因能够像乳糖耐受突变一般提高人类适合度的情况下，它们才会有这样较高的频率。与此相反，这 3000 万个等位基因中的大部分是极少见的，只出现在一小部分人的基因组中。基因社会中的大部分基因变异只不过是生命旅途中的随机波动而已。

非洲的基因宝库

针对人类遗传学的研究一般致力于囊括遗传背景各异的个体，比如，研究对比欧洲人、中国人，及非洲后裔的 DNA 序列。正如本章前文所述，如果我们转而从非洲不同人群中选取基因组进行对比，而不是对亚洲人、欧洲人、美洲人、澳洲人的基因组进行对比，相较之下，前者涵盖的基因多样性会更大。

此外，加入非洲之外地区的多种基因组也并不会让基因组多样性比非洲内部的多样性高出多少——几乎所有在非洲地区外的个体中观察到的变异也都能在非洲人的基因组中找到。但并非反之亦然——许多遗传变异只存在于非洲。

这些只存在于非洲境内的基因组变异中，大部分对其携带者的外表或适合度无甚影响，但有一小部分却并非如此。才能和外貌特征一样，在一定程度上是可遗传的，它随着祖辈的基因组一同传承了下来。如果某特定才能——比如冲刺能力强，与某些特定的基因变异有关，那么，有可能在非洲某处的某个种群中，每个人都携带有这种变异，无论男女。这种可能实际上比欧洲人基因组中普遍携带该变异的可能性要高得多。而这仅仅是因为，非洲内部的遗传多样性整体上高于非洲以外的地区。

如果还有另一个变异能让你长跑速度特别快，那么该变异还是更有可能在非洲内部某地颇为普遍，而不是频繁出现在如亚洲之类的其他地区。这与具体能力无关，只是因为非洲人所携带的变异数目远远高出其他地区的人们，所以那些身怀某项遗传天赋的人很有可能就生活在非洲大陆上。但这并不意味着所有非洲人在所有体育项目上都更有天赋，与之相反，非洲有更多的变异其实意味着我们也许能在非洲某地找到短跑速度最慢的人。

最近几十年中，我们在夏季奥运会的许多体育项目上都看到了这种在全世界范围内遗传多样性分布不平均的实例，来自非洲的男女选手垄断了很多奥运会项目。近来，百米短跑决赛中的中国选手和法国选手称得上是值得注意的例外，不过，若是这些选手在近几代中遗传了非洲血统的话，那就又另当别论了。

但情况并不总是如此。由基因决定的才能是否能表现出来，环境因素在其中起重要作用。非裔美国人杰西·欧文斯（Jesse Owens）在1936年纳粹德国举办的奥运会中与其他17名非裔美国运动员共同竞技。当时并无非洲原住民运动员参加。南非也参与其中，但只派出了白人运动员参加比赛。

让纳粹觉得恼火的是，欧文斯在跳远、100米短跑、200米短跑、4×100米接力赛项目中均夺得了金牌。其余九位代表美国队参赛的非裔美国人运动员也获得了奖牌。我们今天在奥林匹克运动中所看到的决赛选手的天赋，实际早在20世纪30年代就在非洲人的身上有所展现并为人注意了。但单单拥有最佳的基因组并不能保证某人在某方面表现得格外突出，合理的训练和相应的支持也是必需的。但那时仍处在殖民主义国家控制下的非洲人民却无法做到这点。

欧洲或亚洲运动员在那些技巧性强或成本高的运动项目中仍旧占据着高名次——也许并不是由于这些运动员在此类运动中有天生的优势，而是因为非洲并未像这些地区一样普及这些项目的训练方式或采取激励措施。但是，倘若非洲某种群的后代在未来某一天开始下棋，那么这些非洲人在几代人之后雄踞国际象棋界也不无可能。

超越基因

在纽约市的夜晚，随意走入一家喜剧俱乐部，你将听到许多带有种族歧视的笑话，讲的是人与人——非裔美国人、墨西哥人、亚洲人、阿拉伯人、犹太人——之间的差异。我们的人类基因组计划是否从遗传角度支持了这样的种族歧视呢？可以肯定的是，全世界的人之间确实存在着差异，而这些差异中的大部分都刻写于我们的基因组之中。但正如克林顿所说，这些差异并不大，不足以引起任何歧视。那么，为何种族歧视仍旧存在呢？

为了进行更明智的讨论，我们必须知道，基因社会中很容易出现歧视。想一想绿胡须效应(green beard effect)吧。想象一个带有基因突变的等位基因，它会引起两个后果：遗传了突变等位基因的人会长出绿胡须；他们会帮助同样长有绿胡须的人们。只要这种帮助在施助者损失较小的情况下让受助者有较大获益——适用于大多数情况下的合理假设——这种行为将会增加绿胡子等位基因的适合度：尽管受益者和慷慨解囊者并非同一人，这种行为还是利大于弊的。当然，我们可以把绿胡子换成任何由特定等位基因导致的明显性状。

　　威廉·唐纳·汉密尔顿（W. D. Hamilton）是 20 世纪最伟大的理论生物学家之一，绿胡子理论正是他所提出的（而理查德·道金斯定下了该理论的名称，也将这种概念发扬光大）。汉密尔顿研究了社会行为的演化，将绿胡子理论进行推广，认为利他主义——损己利人的行为，如果其对象并非种群中的一般人，而是与我们自身有着紧密亲缘关系的人，那么这种行为对我们的基因其实是有好处的。我们之所以更支持自己的孩子、兄弟姐妹和亲戚，原因也就在此。

　　与这一看法相对立的是存心伤害——损人不利己的行为，如果承受苦果的人与我们的亲缘关系较一般人还要远，那么这种行为会对我们的基因有益。这是因为，这类恶意行为将与我们等位基因差别较大的等位基因置于不利之地，这样相比之下，就让我们的近亲有了更大优势；此外，这样一般也提高了我们自身等位基因的胜算。这就是种族歧视的一般理论基础：对那些与我们等位基因不同的人的怠慢，就是对我们自身等位基因的优待。

　　尽管人们已经在蚂蚁、黏菌、真菌内发现了绿胡子基因，但却尚未在人体内发现这类"种族歧视基因"。在有文字可考的历史中，种族歧视比比皆是，这也说明这种歧视的存在不无原因。这种原因很有可能在于：自然选择偏向于绿胡子基因这类变异。有一个有趣的猜测：这类变异不一定是遗传性的，也有可能是文化上的。适用于遗传变异的自然选择法则也适用于文化变异：如果某文化变异可以影响其种群后代的数量，并且后代会继承前人的文化，那么"适合度更高的"变异的出现频率会增加。

　　若想明白这种机制如何奏效，可以想象一个简化的例子。想象某种群分成了人数均等的两半。一半为平等主义者，其坚定认为应该对所有人施与帮助，不管受助对象的背景如何。另一半为精英主义者，其文化坚决支持其内部成员，他们利用发型来区分对方是否是自己人。精英主义者从两个群体中均能得到帮助，因此他们所获得的帮助是平等主义者的两倍。如果这样加倍的帮助使得精英主义者拥有更多健康的后代，而他们的后代也成为精英主义者，那么平等主义的主张必然会在几代人之后失利——即便平等主义有着优越的哲学根基。

以此看来，克林顿的想法是错的：即便我们之间存在 99% 以上的相同之处，但无论从理论还是历史来看，少数自私基因（甚至是自私的想法）都足以支持我们种族歧视的行为。这种现象不仅发生在人类身上。当獾患上肺结核后，它们会离开其原来的群体（与它们血缘较近的亲属）转而到邻近的群体（与它们血缘关系较远的同族）中去，从而感染了"外人"。

能将我们和獾区分开的是，我们不只听命于自身基因。我们可以将理想放在等位基因之上，我们不只是自身基因的简单加和。

我们发现，在自然选择面前，许多等位基因与其竞争对手相比并无优势，因此，这些等位基因的命运全凭随机性摆布。能否轻易预测出个体等位基因的功能性影响呢？还是说，个体等位基因的影响取决于遗传了该等位基因的人呢？

THE
SOCIETY OF GENES

第五章

复杂社会中的随性基因

未曾有一法，不从因缘生，是故一切法，无不是空者。

——龙树菩萨①

---

① 语出龙树菩萨《中论·观四谛品》，意思是一切事物和现象都是通过相互依存（"因缘"）而获得自身的存在和性质的，因此，所有事物和现象其本身都是不存在的，即"空"。

　　一个名为弗里杰什·考林蒂（Frigyes Karinthy）的匈牙利作家在其
1929 年发表的短篇小说中提出了一种想法：地球上任意两个人之间，最多
只需要五个中间人，便可建立一条关系链。

　　约翰·格尔（John Guare）在 1990 年极受追捧的《六度分离》剧本及
1993 年根据该剧本拍摄的电影使得这一理论广为人知。而电影《六度分离》
则又催生了"凯文·贝肯（Kevin Bacon）六度分离"游戏。在这一游戏中，
玩家会拿到某演员的名字，然后要将这一演员与凯文·贝肯联系起来。

　　例如，如果该演员是哈里森·福特（Harrison Ford），玩家通过以下
联系将得到两分：福特与凯伦·阿兰（Karen Allen）共同参演了 2008 年的
电影《夺宝奇兵
4》，而凯伦·阿
兰和凯文·贝肯
共同出演了电影
《动物屋》。鉴
于凯文·贝肯参
演了很多部电影，
关系链所需的联
系点一般出乎意
料的少。不过，
这一游戏换为其
他演员也可以进
行下去，因为演
员在其演艺生涯

图 5.1： 图为不断延伸的演员关系网，关系网中的演员间的联系是他
们共同参演的电影。图中每个演员通过最多两步即可与凯文·贝肯建
立起联系。

中一般会出演多部影片，且每部影片一般又会有其他多个演员参演。这种关系会形成一张网络，并不断向外延展（见图 5.1）。

嘿，豌豆

今天，格雷戈尔·孟德尔（Gregor Mendel，1822—1884）被誉为遗传学之父，但是他的研究直到 1900 年才被学界认可。孟德尔来自一个贫穷的农民家庭，进入奥古斯都修道院后，他才得以接受了大学教育。大学毕业后，他住在奥地利某修道院内，在那里完成了开创性的遗传实验。

掌管孟德尔所在修道院的主教不允许孟德尔用小鼠研究遗传，因为这会涉及有性生殖，于是孟德尔将其研究对象换为了豌豆——暗自庆幸"主教不知道植物也会进行有性生殖"。在出色地完成了一系列实验和分析后，孟德尔在享誉学界的《布隆自然历史学会论文集》上发表了其经过数年实验得出的研究结果。但在接下来的很多年里，人们并未给予其研究足够的重视。为了讲解基因之间是如何协作的，我们首先要研究一下孟德尔的一个实验。

孟德尔选择了一些性状进行研究，如豌豆的种子颜色、豆荚颜色、植株高度、花色。例如，他会对绿色种子的雌株和黄色种子的雄株进行异花授粉，再跟踪观察这些植物的多个后代。他发现，每种性状均表现为一致且不可分的单元——种子非绿即黄，花朵非紫即白。将黄色种子的雄株和绿色种子的雌株进行杂交后，第二代豌豆中有 75% 其种子为黄色，而其余 25% 则为绿色（见图 5.2）。

从这一简单的比例，他推测出每种植物均包含某物质的两种形式（我

们现在称之为等位基因），其能决定种子的颜色，并且其具备两种形式（一
种导致种子呈黄色，另一种则导致种子呈绿色）。他还发现，决定种子颜
色的等位基因中，使种子呈黄色的等位基因为显性：即，如果某植物同时
具备使种子呈黄色和绿色的两种等位基因，该植物最终会产出黄色种子。
只有当植物的两个等位基因均为使种子呈绿色的版本时，才能产出绿色种子。

在四种可能出现的组合（YY、YG、GY、GG，Y 和 G 分别代表黄色种
子和绿色种子等位基因）中，三种组合包含显性的 Y 等位基因，因此这些组
合都会导致黄色种子的产生。孟德尔突破性的发现标志着遗传学的开端。

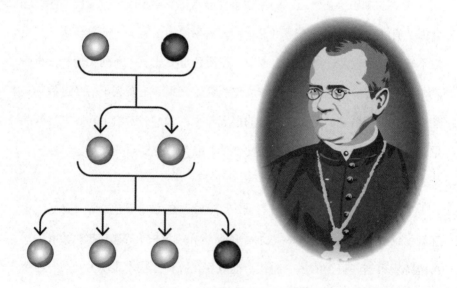

图5.2：图为遗传学之父格雷戈尔·孟德尔以及其豌豆实验。孟德尔发现，在只能长出黄色（图
中浅灰色）或绿色（图中暗灰色）豌豆种子的异花授粉杂交植株中，第一代杂交后代只产出
了黄色种子。然而，接下来的一代所产出的黄色种子数和绿色种子数的比率为3:1。

连坐

孟德尔发现，在异花授粉杂交的植物中，可遗传性状并不像当时人们所想的那样是雌株和雄株的混合体。例如，种子非黄即绿，而并非是两种颜色混出的中间色。这意味着，基因和性状之间存在着简单的一对一关系。从理论上讲，生物学家因此可以将注意力集中在任何单个性状上，并找到导致这一性状的基因和等位基因。按照这个理论，每个可遗传特征都对应着某一基因：一个负责鼻子上的包，一个负责发色，一个负责食指的长度。同理，每种遗传病都是由某种单个基因突变引起的。

然而实际情况要复杂得多。我们已知，对大部分遗传病来说，病因并非某个基因上的突变，但少数遗传病确实可以归因到单个基因的突变。例如，本书作者之一患有原发性淋巴水肿（Milroy's disease），这种疾病是由 *FLT4* 基因（*FLT4* gene）上单个字母的改变引起的，*FLT4* 基因负责调控淋巴系统（lymphatic system）的发育和保养。

这种单点突变置换了 FLT4 基因所编码的蛋白质中的一个氨基酸，从而导致蛋白质出现了缺陷，扰乱了淋巴系统。原发性淋巴水肿就是我们称为"孟德尔遗传病"（Mendelian disease）的典型病例：这种疾病是由某单个缺陷基因导致的。

然而，一般来说，疾病和基因间的关系并非是一对一的。帕金森病（Parkinson's disease）——一种神经系统的退行性疾病——是由三个基因中任意一个上的突变而导致的。在正常情况下，这三个基因共同协作以分解某种蛋白质，从而防止了这种蛋白质在脑细胞内堆积。这些基因中只要有一个失去了正常功能，分解过程将不能继续，这种蛋白质会堆积，最终导致脑细胞出现机能障碍。

还有其他可能情况：在共同合作的一群基因中出现突变，导致某一疾病出现多种不同程度的症状。在第四章中我们了解了乳糖酶的演化过程。乳糖酶可以将牛奶中的主要的糖类——乳糖，分解为葡萄糖和半乳糖。半乳糖血症（Galactosemia）表现为无法代谢半乳糖。如果患有半乳糖血症的婴儿摄入了牛奶，那么由半乳糖生成的物质会在婴儿体内不断积累，可达到致人中毒甚至致命的水平，会损害婴儿的肝部、脑部、肾脏和眼睛。

一般情况下，三种化学反应形成的反应链能一气呵成地将半乳糖转化为可消化吸收的葡萄糖，而这三种化学反应则分别由不同基因所掌控。这些基因中的任一个出现突变后，都会导致不同程度的半乳糖血症。

负责第一组化学反应的基因出现突变后，患者会视物不清，这也是半乳糖血症相对较轻的一种形式。负责第二组化学反应的基因出现突变后，患者会出现典型半乳糖血症症状，如果不加以治疗，将会导致发育问题和肝部疾病。负责第三组化学反应的基因出现突变后，患者的半乳糖血症症状既可能较轻微，也可能较严重。由于这三种类型的变异可以导致相似的症状，因此其所导致的疾病均囊括在半乳糖血症这一医学术语之下。

以上提及的所有疾病均可归因于单个等位基因的失常。这听起来似乎让人满怀希望：理论上来讲，系统地研究各个基因的职能，并调查各基因失常时所产生的疾病，这似乎是可行的。医生一旦掌握了相应的基因－疾病对应关系，就可以检查患者基因组，并开出对症的药物——甚至早在症状出现之前就做到这些。

我们来想想我们是如何将一个基因突变和一种疾病联系起来的。假设我们要研究克罗恩病（Crohn's disease）——一种恶性肠道炎症。首先，要召集足够多的研究对象，假设一百人，其中有一半人患有此病，而另一半人则不患此病。接下来，要检测每个对象的基因组序列，这一步骤目前已经比从前轻松得多，也便宜得多。

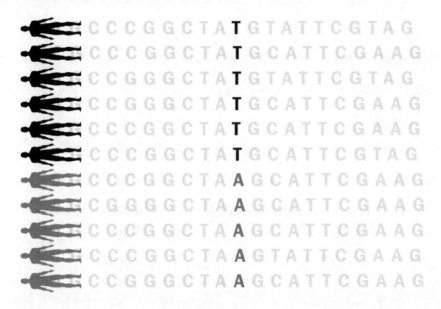

图 5.3：全基因组关联研究旨在将特定等位基因和疾病建立联系。图中每行分别列出了不同个人中同一段 DNA 的序列。上面六行黑色的个体代表某种疾病的患者，下面五行代表健康的个体。中间一列颜色较深的 DNA 字母在这两类人群中完全不同：所有患者的基因组这一位置上都是 T，而在所有健康人中则是 A。这表示携带 T 突变的等位基因也许正是导致此病的原因。

然后，仔细检查基因组，一个一个地检查 DNA 上的位置，观察研究对象每个 DNA 位置上的字母是否和他们的健康状况相关。假想情况下，我们也许会发现某等位基因——如 16 号染色体上 5727514 号位置上的 T 字母，只出现在 50 名患有克罗恩病的研究对象的基因组中（见图 5.3）。

鉴于 50:0 这种分毫不差的比例极不可能仅因偶然性而出现，我们可以得出合理结论，认为这个等位基因准确地预示着克罗恩病。像 50:0 这样高的相关性极其少见，但如果实验对象足够多，我们仍能检测出起重要作用的等位基因。这类研究称为"全基因组关联分析"（genome-wide association study，缩写为 GWAS）。

在对 6333 名克罗恩病患者和 15056 名未患病者进行全基因组关联分析后，研究人员发现，基因组中共有 71 个影响发病率的区域。因为这些区域都有能提高患病风险的特定等位基因，所以这些区域称为"风险位点"。然而，令人感到意外的是，全基因组关联分析结果显示，只有 25% 克罗恩病患者携带有位于这 71 个区域中的克罗恩病相关等位基因。

因此，许多遗传性克罗恩病的患者并未携带任何已识别出的等位基因。也许除以上 71 个区域的基因外，克罗恩病还与其他基因的功能失常有关，我们还需要更大规模的全基因组关联分析以证实该想法。

还存在另一种可能：只有可彼此兼容的等位基因可以在同一基因组中顺利协作——有些基因社会成员所产出的蛋白质无法正常地相互作用。很有可能，至少在某些患者中，正是由于某两个区域的变异首次在其基因组内结合，但却相互龃龉，从而导致疾病的产生。这些等位基因在患者父母体内时或许尚能与其他等位基因顺利协作，但它们彼此结合后，却会导致疾病产生。

等位基因间的这类反应称为异位显性（epistasis）。异位显性也是帕金森病的病理。帕金森病是由于三个基因彼此间无法正常地相互作用而导致的，而这不过是一种比较简单的情况——如克罗恩病等疾病一般会涉及更多基因。

为了检测一系列疾病，人们进行了数以百计的全基因组关联分析。可以说，大部分疾病是受许多个基因影响的。此外，由于大部分与疾病相关的变异在一些健康人体内也同样存在，所以等位基因间的交互也许确实十分重要，而等位基因和环境间的交互也是如此。

即便是那些经过数年研究的疾病，每对其进行一次全基因组关联分析，就会发现更多之前未曾注意的基因和交互作用。因此，针对遗传病的研究表明，为了某项机能的正常运作，多个不同基因必须按复杂的规律统一协作。

忒修斯之船

我们的身体是一部十分复杂的机器，其运行的大部分程序都十分烦琐，仅靠某单个基因生产的蛋白质无法完成。例如，为了将我们所摄入的食物中的糖分转化为可用能量，必须要进行数十个独立的化学反应。

每种化学反应都由不同的酶（enzyme）所控制。酶是一种可以加快（催化）化学反应的特殊蛋白质。如果没有酶的作用，这些化学反应将会进行得很慢。每种酶的效果高度依赖于同一过程中其他酶的正常运作：如果之前的任何一步出现偏差，酶的催化反应将无法进行；如果接下来的几步中有一步出现故障，酶的产物会不断积累，经常导致不良后果。

我们可以思考一下第四章中出现的一个例子——人们的肤色不断演化，直到适应其祖辈生活近千年之地的紫外线强度。肤色这种人体特征看似并不复杂，但至少有 15 个不同基因的等位基因牵涉其中。

正如第四章所述，人类在 10 万年前开始走出非洲，而在那之前，所有人的肤色都是深褐色的，如此才能在撒哈拉以南的非洲地区保护身体不受强紫外线辐射的侵害。非洲大陆的不同地区有着不同强度的紫外线辐射，而深浅不同的棕色皮肤就依此而演化形成。在自然选择规律的帮助下，使得肤色改变的新基因突变最终在非洲之外的当地基因社会站稳了脚跟。

在这些基因突变中，有些是互补的：生活在某些亚洲和欧洲地区的人们肤色的亮度相同，然而导致他们肤色的突变却位于不同的基因上。这些肤色对应的等位基因可以提供同等的保护作用，但却使肤色呈现略微不同的色调，相较而言偏粉色或偏黄色。

所有组织身体和维系身体的过程无一不需多个基因的协作。从许多方面来看，为了更好地理解基因社会，基因之间的互动较单个基因自身而言更为重要。想一想忒修斯之船的问题。许多古希腊哲学家都曾讨论过这一问题，而法国遗传学家安托万·当尚（Antoine Danchin）则将这一问题应用到了基因互作中。在忒修斯之船上，每过几年就会有一块腐朽的木板需要更换，直到将船上所有的木板全部换掉为止（图5.4）。

这艘船的所有部分都已经有过更换，那么这艘船还是原来那艘船吗？当然是的！最重要的不是船上的各个木板，而是这些木板共同组成了一艘船。各个木板并非因其木质属性而特殊，而是因其在船体设计中的不同位置而相互有别——换句话说，与其相接的木板决定了其特点。

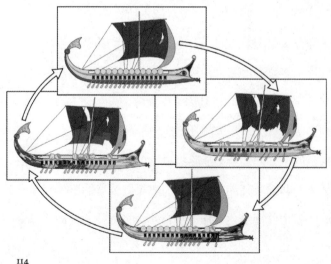

图 5.4：忒修斯之船。 如果将船上已腐朽的部分进行替换，直到将船上所有部分全部替换完，那么这艘船还是原来的那艘船吗？

　　重点在事物之间的关系上，而非事物本身。同理，我们必须研究每个基因与其他基因在功能上的相互作用，才能明白每个基因的重要性。尽管人类只有 20000 个基因，但这些基因间相互作用的数目却要比 20000 个多得多。

　　基因共同合作以完成肤色控制或代谢途径等功能时，异位显性在其中起作用——正如前文所提到的，异位显性使得一组基因中任一个突变后都会导致同一疾病一样。除此之外，单个基因可以引起多种影响，这种性质称为基因多效性（pleiotropy）。由于基因多效性，单个基因上出现的突变会影响到多个看上去互不相关的机能，引发遗传综合征，即同时出现与特定疾病相关的多重性状或畸形。

　　我们发现，许多遗传综合征是符合孟德尔遗传学的，这表明单个基因可以影响多种生理过程。单个基因突变引发一系列症状的情况也并不鲜见，共济失调毛细血管扩张症这种遗传综合征就是其中一例。此病的病因是 ATM 基因（ATM gene）上的一个基因突变变异。这种综合征会影响神经系统和免疫系统，还会导致不孕不育、易患癌症、血管扩张，以及对辐射极其敏感。

　　酶是用以催化化学反应的蛋白质，为其编码的基因常常是十分"随便"的，即这些酶可以分解不同的分子——这是一种特殊的基因多效性。由 hCE1 基因编码的羧酸酯酶 1（carboxylesterase 1）就是其中一例。这种酶十分"随便"，能分解包括可卡因、海洛因、哌甲酯（治疗注意力缺失症的药物）在内的多种毒品药物。具有多重功能的基因就像参演过许多电影的演员一样——同一个演员扮演了不同的角色。

　　说来有些讽刺，孟德尔所研究的一组豌豆性状中曾出现了这种单个基因具备看似互不相关功能的例子。孟德尔是这样描述某一性状的：

> 针对种皮颜色的差异来讲：种皮颜色可为白色，白色种皮豌豆的花朵也总是白色的；种皮也可能呈灰色、灰褐色、皮革棕色，有时会带有紫罗兰色斑点，其花朵的旗瓣①为紫罗兰色，翼瓣呈紫色，叶腋处的茎微红。灰色种皮在沸水中会变为深褐色。

现在我们知道，种皮颜色一定是由多效基因所控制的，受其控制的还有花的颜色。

如果某基因具有多种功能，那么该基因的不同突变也许会分别影响其某项功能，以看似互不相干的方式影响人们的身体健康。SOX9 基因（SOX9 gene）正好可以说明此观点。如果某基因突变彻底摧毁了该基因生产蛋白质的能力，破坏了该基因的所有功能，一系列症状将会出现，包括性逆转（sex reversals）、骨骼畸形、腭裂（cleft palate）。然而，事实上这些症状中只有一至两项可能出现。别忘了，基因具有一个调控区域，这个区域中的分子开关控制着基因的活性（见图5.5）。这些开关按照特定方式起作用。

SOX9 基因有三个彼此独立的分子开关：一个开关使该基因在睾丸中表达，另一个开关使其在软骨中表达，而第三个开关则使其在面部发育过程中表达。如果某基因突变损坏了其中一个开关，那么这只有其对应的 SOX9 基因功能会被抑制。如此一来，SOX9 基因某一调控区域中的突变会导致性逆转，而另一调控区域中的突变则会导致腭裂。

---

① 豌豆属豆科蝶形花亚科，该亚科植物的花由五枚花瓣构成外形如蝴蝶的形状，其花瓣根据形状分为三种类型：旗瓣（最上方的一枚）、翼瓣（位于中间两侧的两枚）和龙骨瓣（最内侧的两枚）。

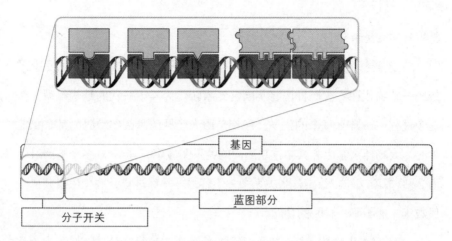

图 5.5： 最上面的图解显示的是 *SOX9* 基因调控区域的构造。深灰色的图形代表分子开关所对应的序列，这些分子开关与特定蛋白质（浅灰色）相结合，调控 SOX9 蛋白质的生产量。

"随便"的细菌团队

基因组既构成了人体，也管控着人体。人体是由数百种细胞所组成的生物体。这些细胞以无数种形式进行互动，但我们却仍未完全了解这些互动。人们仍在努力分析"随便"行为（基因多效性）和团队合作（异位显性）是如何影响基因活性的。大肠杆菌（E. coli）应该是世界上被研究得最透彻的生物了，它们的基因组比人类的简单得多。通过研究大肠杆菌的基因组，我们得以一窥基因互作的图谱。

大肠杆菌十分简单，因此也较易于研究，许多分子生物学方面基本的发现都是在大肠杆菌中做出的。由于大肠杆菌的基因组只包含约 4000 个基因，人们因此得以推断和描绘出其基因组的大多数部分，并弄清这些部分的协作原理。除了这些发现以外，对于大肠杆菌的研究也证明了生物学远未达到探明一切的阶段：即便是在这种简单的细菌中，仍有约三分之一的基因其功能是未知的。

在大肠杆菌内部的各个部分中，研究得最为透彻的是其生化反应系统——新陈代谢。大肠杆菌将不同营养素转化为其下一代的结构组织。在这个过程中，几乎每个的化学反应都是由大肠杆菌基因组编码的某个酶催化的。大肠杆菌基因和其生化功能间的关系图显示，其1300多个基因对应着2000多项功能。绘出这张关系图并不容易——经过复杂的生化研究，一般数年才能明确一种酶的功能。

和所有的生物体一样，大肠杆菌的新陈代谢也是十分"随便"的：几乎有一半的基因参与了多重化学反应的催化过程。但其中也有异位显性的作用：平均来讲，每一个基因的蛋白质产物会与另两个基因的蛋白质产物结合，形成一个能够执行某项特定功能的蛋白质复合体。很有可能，基因社会越是复杂——比如人类基因社会——其中基因的"随便"行为和团队合作就越是普遍。

多功能蛋白质的出现过程并不难懂。大部分酶都已演化到了可以处理一种或多种特定化学物质（酶的最适底物，substrate）的程度。但对于一系列细胞中不常见的其他化学物质，酶也会表现出一些"偶然的"活性。如果环境产生变化，而这些并非最适底物的化学物质中有一些成了潜在的营养源，那么，已有的酶的"随便"特性便为新型新陈代谢能力的演化提供了一个轻松的开端。

尽管"随便"行为和团队合作使得基因之间的关系变得复杂，但两者也均在单个基因中发挥作用。一个基因中已发生的突变一般会成为下一个突变发挥作用的基础。这种复杂性的表现之一就是 β－内酰胺酶基因（beta-lactamase），该基因的蛋白质产物与大肠杆菌的抗生素耐药性有关。

过去人们一直都用青霉素来治疗尿路感染。尽管大肠杆菌对青霉素的耐药性通常较轻，然而目前，相当大一部分大肠杆菌的 β - 内酰胺酶基因上携带了五个特定突变，使得其青霉素耐药性增了十万倍。青霉素控制了毫无耐药经验的大肠杆菌后，大肠杆菌经过五次突变，逐步积累，演化出了耐药性。这五个突变发生的先后顺序共有 120 种可能情况。

不过，某些基因突变需要有其他特定突变先于其出现，否则前者反而会降低抗生素耐药性。如此一来，那 120 种可能的顺序中只有 10 种顺序能保证抗生素耐药性逐级升高（图 5.6），因此，这 10 种顺序实际上是自然选择仅有的选项。β - 内酰胺酶基因上的各个突变彼此依赖，只有通过团队合作，这些突变才能创造出最佳的抗生素耐药性。

β - 内酰胺酶基因中一个突变会影响其产物的多项特性。通过研究某一突变带来的多重影响（基因多效性）的得失，我们可以发现不同突变之间是如何相互影响的——即我们可以了解异位显性的起源。在 β - 内酰胺酶后半段替换某特定字母，将会增强蛋白质对青霉素的破坏力（对细菌有利），但这同时会让 β - 内酰胺酶的蛋白质变得不稳定，容易破碎（情况不妙）。

对于 β - 内酰胺酶来说，活性和稳定性一般并不相关，但在这种情况下，某一个基因突变同时影响了这两种过程。与之相反，在蛋白质前半段出现的第二个突变稍微降低了 β - 内酰胺酶摧毁抗生素的能力，但却增强了蛋白质的稳定性。这两种突变各自单独存在时并不太有用，但当两者同时出现时，便会形成一个强效团队：第一个突变增强了蛋白质摧毁青霉素的能力，第二个突变让蛋白质保持稳定。

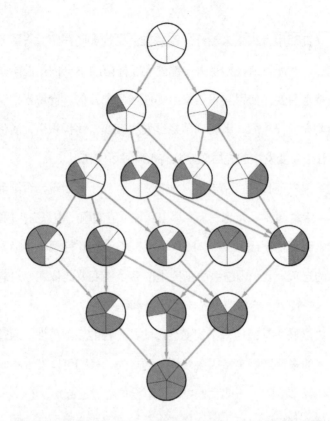

图 5.6：要使细菌 β－内酰胺酶产生对青霉素的药性提高 10 万倍，
需要积累一共 5 个突变。上图显示了积累这 5 种突变的可能方式。每
个圆圈代表一个 β－内酰胺酶，而每个 β－内酰胺酶都携带着按某
种特定组合的 5 个突变（深灰色）。箭头表示增强抗生素耐药性的新
突变的积累过程。由于异位显性的作用，并非所有的方式都可行：有时，
某个新突变会降低耐药性，而其后的突变则会再次增强耐药性。由于
拥有此类突变组合的个体相当不受自然选择的青睐，因此这种情况在
图中并没有被箭头标示出来。

灵丹妙药

医生总是根据临床治疗的疗效来开处方，也就是说，若有一个治疗方
案在一般情况下比过去的其他疗法疗效更好，那么医生就会选择这种治疗

方案。这是一种有瑕疵的科学——我们每个人基因组中的等位基因都有着独特的组合方式，因此，每个人的病因和药物反应都不相同。对于诊断与治疗来说，并不存在通用的方法。

20世纪50年代，人们在大型手术中将一种名为琥珀胆碱（succinylcholine）的天然分子作为肌肉松弛剂来使用。这种药物对绝大多数人来说十分有效，但对某些人来说却是致命的。正常情况下，人体内有一种蛋白质会分解琥珀胆碱，因此，琥珀胆碱松弛肌肉的药效会在停止用药数分钟后自行消退。

遗憾的是，有些人缺乏这一蛋白质相对应基因的有效版本，如果在停用琥珀胆碱后立即为其撤下呼吸机，这些人的胸肌将继续处于麻痹状态，因而不能呼吸。此时必须再次为患者连上呼吸机，直到药效消退为止，否则将会导致患者窒息。

不过，类似的危急情况也许有望不再出现。美国食品药品监督管理局是专门负责审批新药的政府机构，该机构目前批准针对基因构成不同的患者亚群量身定做的药物上市。这种名为个体化医疗（personalized medicine）的方法是为了让基因组不同的个体获取为其量身定做的药物。这样能更好地预测药物反应，提高药品安全性，优化治疗方案。

能够体现个体化医疗优越性的一例为四苯喹嗪（tetrabenazine），该药用以治疗由亨廷顿蛋白基因（huntingtin gene）突变所引起的亨廷顿氏舞蹈症（Huntington's disease）。突变的亨廷顿蛋白基因生产出的蛋白质有缺陷，该缺陷蛋白质会逐步摧毁脑细胞，从而影响人的肌肉协调能力、认知能力、情绪等方面。在人体内，四苯喹嗪只有被 CYP2D6 酶激活后才能发挥药效，但每个人体内 CYP2D6 酶的含量都有所不同。目前，医生已有检测患者体内 CYP2D6 酶含量的手段，并能据此调整患者的用药剂量。

个体化医疗也为癌症治疗带来了一丝曙光。传统上被划为一类的癌症有可能是由多种不同突变造成的，因此，不同的子类型也需要个体化的治疗方案。药物也可针对病毒基因组量身定做：最近对丙型肝炎（hepatitis C）的治疗方案就是针对病毒的不同基因组类型而对症下药。

也许有一天，我们会找出每种重大疾病背后的一组组基因。到那时，医生可以根据人们的基因组计算出其患各种疾病的概率，比如，你 38 岁之前患偏头痛（migraine）的可能性。然而，由于基因社会中充满复杂且"随便"的相互作用，出现这种全能型基因组药物的概率微乎其微。

在接下来几年，医生还是会继续使用传统疗法。虽然这对于我们的健康和寿命来说这也许并非是最优选择，但却会有益于我们的精神状态。预知并非全然有益，有时也是一种负担。如果医生告诉你，你有 82% 的概率会在某具体年龄前患上某种重大疾病，但却没有治疗良方，那么这种信息对你来说其实毫无用处，甚至使情况更糟。在未来较长的一段时间内，对基因信息的获取和使用会使我们面临一个充满重大道德问题和哲学问题的困境。

基因社会中等位基因布置成了一张功能上彼此交错的复杂关系网。各个基因社会中的这一复杂关系网有何不同？究竟是这些不同点导致了新物种的演化，还是新物种的演化导致了这些不同点的产生？

THE
SOCIETY OF GENES

第六章
猩人的世界

人不能两次踏入同一条河流。——赫拉克利特（*Heraclitus*）

奥利弗（Oliver）的伟大并不是后天成就的，而是先天赋予的。自从奥利弗于 1976 年出生以来，它就以第一个"猩人"（"chuman"）[①]的身份开始它的星途——它是半人半猿（见图 6.1）。

图 6.1：奥利弗，20 世纪 70 年代作为人猿混血（猩人）登上节目。

它更喜欢直立行走，这与它的黑猩猩同伴不一样，黑猩猩都是四肢并用大步慢跑的。奥利弗面部没有毛发，所以它的外貌和人类很像。尽管在

----

① 此为作者在本书中新创词汇"chuman"，用"chimpanzee（黑猩猩）"和"human（人类）"两个词结合而成。此章节标题改编自《楚门的世界》（The Truman Show）这一电影名。

很多方面，奥利弗显然是一只黑猩猩，比如它不会说话，不会使用高级一点的工具，也没有复杂的思维，但是多年来，猩人奥利弗一直是一个名人。

随着分子生物学技术的兴起，科学家们终于有条件确定奥利弗的物种属性了。它是否真的是人类和黑猩猩杂交的产物呢？只需要一些简单的基因计算就能回答这一问题。人类基因组是由 46 条染色体组成，也就是两套 23 条染色体，分别来自我们的父母双方。黑猩猩的染色体数量略有不同，有两套各 24 条染色体。难道黑猩猩与人类差异如此之大，它们有一条人类没有的染色体吗？不是的。我们的 2 号染色体在黑猩猩基因组里是由两条较小的染色体组成的，如图 6.2 所示。

大约 600 万年前，人类与黑猩猩有着同一祖先。因此二者之间基因组结构的不同有两种可能的缘由：要么黑猩猩里有一条来自其类人祖先的较大染色体在演化中发生了断裂；要么人类里有两条来自其类猿祖先的较小染色体在演化中彼此融合了。

我们现在已知，造成人类与黑猩猩基因组结构差异的是融合而不是断裂。每条染色体都有一个特殊的区域叫作着丝点（ centromere ）。当细胞分裂时，分子构成的"绳索"便附到这一区域将一对匹配的染色体分开。除了现有的着丝点之外，人类 2 号染色体还残余有之前的着丝点，即第二个着丝点的痕迹，这表明了 2 号染色体此前在我们的祖先中是由两条染色体组成的。

此外，在大猩猩和其他人类与黑猩猩的远亲身上也有与黑猩猩中类似的非融合的染色体，这为"融合"理论提供了进一步的支持。因此，人类与黑猩猩的共同祖先有一套类似黑猩猩和其他猿类的染色体组合，但是在人类演化的过程中，有两条染色体融合在一起并形成了人类今天的 2 号染色体。

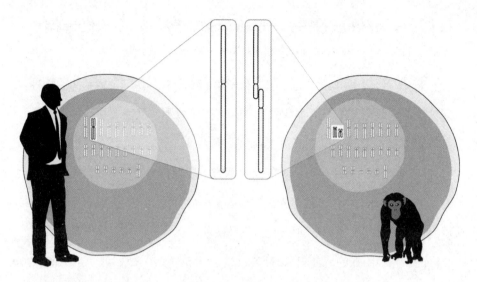

图 6.2： 人类 2 号染色体上的基因与黑猩猩的两对较小染色体上的基因相对应。人与黑猩猩的共同祖先有与黑猩猩相似的染色体，其中有两条在人类演化的过程中偶然黏合在一起了。

如果奥利弗真的是人猿交配的产物，那么它应该从父母双方那里各遗传到一套染色体：从人类那里得到 23 条染色体，从黑猩猩那里得到 24 条染色体。如此一来，奥利弗的染色体数就应该是奇数，总共是 47 条。这样的混种不仅对我们的法律体系来说是一个挑战（它是否有人权呢？），对它的基因系统而言也是一个挑战。

染色体呈奇数就无法组对，这会严重破坏生产精子所需的减数分裂（meiosis）这种依靠概率来保证公平的体系。因此，奥利弗将无法产生精子，或者它的精子会出现严重缺陷。同样的原因，大多混种动物都不具有生育能力。其实混种生物能活下来的情况本身就很少见，但即使这样它们一样不能生育。比如说骡子，它是公驴（有 31 条染色体）和母马（有 32 条染色体）交配而生，只有在极个别情况下才能繁衍出自己的下一代。

事实上，奥利弗并没有 47 条染色体，他和其他黑猩猩一样有 48 条染色体。所谓的"猩人"不过是一场白日梦。奥利弗确实是一只不一般的黑猩猩，但终究仍是一只黑猩猩。那究竟是什么阻碍了猩人的出现呢？猩人是否真的存在呢？

变化不定的基因组

我们有充分的理由相信，即使染色体没有融合而形成人类 2 号染色体，猩人也是不可能存在的。从最基本的层面上来说，阻碍猩人存在的因素是物种种类的实质：基因社会。在这个社会里，基因与其各种不同的等位基因（allele）相互自由组合，但只有极少数情况下才会和其他物种的基因社会混在一起。

如前文所述，一个特定的基因组不过是等位基因的短暂组合。假设穿越到121年后，你会发现那时候的人类基因组与现在的人类基因组完全不同。一个人和他拥有的基因组会消逝，但是等位基因作为基因社会的成员，却会一直存留。但随着时间的推移，这些基因也会发生变化。

基因突变会产生新的等位基因。在不断演化的过程中，新的等位基因有时可能会超越原先的等位基因而占据主导地位。随着全新的基因不时加入，无法适应快速变化的世界，更谈不上贡献自己力量的旧基因便会被淘汰。即使整个基因社会——包括一个物种的所有基因及其等位基因——比单个个体基因组中的等位基因要稳定得多，基因社会还是会随着时间的推移而发生变化——演化就这样发生了。

基因社会或许是由于环境而改变，但是即使基因社会不需要适应新环境，它一样会演化。我们已经知道这个原理。当父亲的精子和母亲的卵子结合形成新生命的基因组时，会发生新的基因突变，从而产生新的等位基因。这些新的等位基因中，有的和人类已有的等位基因一样，有的是曾经出现过后又被淘汰的，有的干脆就是全新的等位基因。

想象一下你的基因组里这些新等位基因的命运。假设一下，一个你从父亲那里遗传而来的 5 号染色体的某个特定位置上有一个携带字母 A 的等位基因，所有其他人 5 号染色体的这个位置上都是字母 G。你的带有 A 的等位基因可能在接下来的几代人中都无法很好地实现其功能，因而最终会被再次淘汰。这种情况可能只是单纯由于随机性而导致的，正如我们在第五章讨论的果蝇眼睛的颜色那样。

如果你只有一个孩子，那么你有一半可能将从父亲那里得到的 A 遗传给孩子，同样还有一半可能将从母亲那里得到的 G 遗传给孩子。如果是后者，那么 A 将从世界上消失。但如果是前者，那么有可能（虽然可能性不大）A 将最终散布到全世界。几代人之后，A 可能会成为每个个体的基因组里的一部分，它在基因社会里出现的频率将会是百分之百。

由于有性生殖的作用，随着时间的推移，单个等位基因无法在基因社会里一直保持同样的出现频率，而是在不同代中或高或低地浮动。从长期来看，这就是我们所说的演化。演化是在基因社会这个层面上发生的，而不是发生在任何特定个体中的。基因社会是等位基因互相竞争的竞技场。

携带字母 A 的等位基因在全世界散布开来的可能性是很小的。最明显的原因就是从数量上来讲，普遍存在的 G 等位基因远远多于 A 等位基因。A 散布开来的概率与人口的规模有关。在人类社会中，A 等位基因超越普通等位基因的概率是 140 亿分之一（除了 A 等位基因携带者外，其他所有人（按当前全世界人口算大约 70 亿）中每个人有两个 G 等位基因，这些人中 G 等位基因数量之和便是 G 等位基因超出 A 等位基因的数目，即 140 亿）。你可能会认为，概率这么小，新的等位基因不可能扩散到全人类。但是这就是庞大的数量的力量。一个受精卵的基因组里，每一个字母都有 1 亿分之一的可能在亲代生殖细胞系（germ line）里经历过基因突变。人类基因组包括大约 60 亿个字母，也就意味着每个基因组含有大概 60 个新突变。全世界人一共有 70 亿个基因组，每个基因组有 60 个新突变，并且每个突变传播到全世界人口的可能性为 140 亿分之一。如此算下来，于是每代人中，有 30 个新的等位基因在基因社会里取代他们的前任，这正好是一个个体中一半基因组含有的突变数。

这一计算结果表明基因社会的演化速度应该相当快，因为每代人都有无数新突变，由此产生的一些新等位基因会取代基因社会里其他的等位基因。突变率同样受遗传调控，基因社会在过多突变和过少突变之间保持平衡。

就拿那些编码精密的 DNA 修复机器的基因来说，如果它的一个等位基因导致大量突变产生，那么就会扰乱很多别的构建和维持人体所必需的基因，而且这一等位基因的携带者过得不会很好。突变太少同样也是危险的，因为没有遗传变异就没有适应。若一个人携带有压制突变率的等位基因，一旦环境改变——其实环境一直在不断改变——他就有麻烦了。突变会带来麻烦，但却是必不可少的。个体不付出，社会就没进步。

人类与黑猩猩的基因组都遗传自共同的祖先，其中基因的字母序列近 99% 都是一样的，只有 1% 的序列有所不同。除此之外，人类和黑猩猩的 DNA 还有近 3% 的差异，这 3% 是指只存在人类中或只存在黑猩猩中的 DNA 序列。这一点与人类个体差异类似——只看单个字母变化，个体差异是 0.1%；同时考虑 DNA 片段的插入和缺失，个体差异是 0.5%。

假设 G 等位基因是人类和黑猩猩共有的，倘若在人类中，新出现的 A 等位基因最终取代了 G 等位基因，两个物种间就又会有一个不同点。目前人类和黑猩猩基因组间的差异有 4%——这是两种物种间所有不同点加在一起的总和，而每一个这种不同点都是以类似 A 等位基因取代 G 等位基因的方式产生的。每一次改变首先都是以突变的形式出现的，无论是在我们人类的祖先身上，还是猿类的祖先身上，都是如此。

人类与黑猩猩间的大多数差异很可能都是偶然发生的，然而，有时一个新的等位基因可以让携带者占优势，那么自然选择会加快其在种群中的传播。突变逐个产生，最终会使两个物种之间的差异越来越大。两个物种一点点地分离，虽然速度很慢，但确实越来越不一样了。

卡住锁的钥匙

基因组有 99.5% 相同的两个个体，比如说两个人，他们可以繁育出下一代，但是一个人和一只黑猩猩（二者基因组相同程度达 96%）却显然做不到。临界点在哪里？差异多大是为过？

长期分离而再次相遇的种群通常可以成功繁衍下一代。我们可以通过两个种群分离的时间长短来快速估计它们是否可以繁衍后代。假设有一条河将两个地方的动物分隔开，而 1000 年以后，河流干涸了，它们又重新相遇。与分隔 1000 万年后再相遇的情况相比，这两个种群分隔 1000 年后繁衍出有生育能力的下一代的可能性要大得多。分隔时间越长，两个基因社会的差异越大，要使它们彼此重新融合也就更困难。

　　繁衍有生育能力的下一代并不是一件绝对的事。比如，之间被分开的两个种群再次相遇，两者的下一代也许有 50% 的可能性会在成年之前死亡。分开的时间越长，风险越大，直到两者再也无法孕育出可以存活的下一代。这两个分开的群体不再仅仅是彼此分隔的不同种群（population），它们已经成为两个不同的物种（species）。

　　达尔文将他具有革命意义的著作命名为《物种起源》，但他当时并没有足够的信息来了解新的物种是如何产生的。如今，我们知道基因社会是这一过程的核心。大多数的基因组变化是在随机过程中发生的，我们在第四章称之为"漂变"。

　　关于基因组的变化，有一项重要的声明：基因的每个变化绝不可伤害其携带者。若某个突变对其携带者有害，那么它将很快从基因社会里消失。换句话说，每一个没被立即淘汰的新突变都要能够与其他基因现存的等位基因彼此兼容。但是一旦某个突变变得普遍，以后新的突变就需要和现在的新基因社会——包括此前出现并变得普遍的这个突变——相兼容。

　　因此，基因突变的积累有一个历史过程。某一特定突变的传播有可能促进或阻止新突变的崛起。要想了解为什么不可能存在猩人，就要知道很重要的一点：种群在演化中积累了一系列变化，这些变化可彼此兼容，但这不一定与该种群祖先的基因版本兼容，而这些变化与同时发生在其他种群身上的变化就更不可能相兼容了。

　　这就是猩人无法存在的原因。想象一下两个被河流分开的种群，它们多年后再次重逢，但此时双方都各积攒了 1000 个基因突变且这 1000 个突变已经取代了它们基因社会里的老一辈等位基因。对于人类来说，要实现这样的积累可能需要 10 万年。到那个时候，两个种群的基因社会将有

2000处不同点：大约有1000处是由于一方的基因突变，还有1000处是由于河对岸另一方的基因突变。

如果这两个种群彼此交配，它们的孩子将遗传所有这2000个突变，于是，这2000个突变就集中在了同一个基因组里。这是一个种群中的1000个突变与另一个种群中的1000个突变首次汇集到一起。这些突变此前从未经受过任何考验以检验他们是否可以彼此兼容，且这些突变也不是连续缓慢累积而成，而是骤然组合在了一起。那它们是否能和平相处？它们彼此完全兼容的可能性很小。如果每个种群中的突变数目不是1000个，而是10000个，那么这些突变彼此完全兼容的可能性更小。

还有另一个方式来看待这件事情。想象一把锁和一把钥匙，钥匙和锁的形状会随着时间的推移而发生变化，而钥匙和锁的可用性（"适合度"）是由它们功能履行的好坏决定的。（见图6.3）钥匙可以变化其现有的齿纹，同样，锁也可以改变与钥匙交互的那部分。随着时间推移，也许钥匙上会发生一些随机的变化，使得其中的一个齿纹更长。不过这把锁仍然可以使用（否则一开始就不会让钥匙发生改变了），但是较之前用起来则有些发涩。一段时间后，锁可能有新的变化，从而可以更好地适应新钥匙。这样的改变是好的，还可以使锁和钥匙的使用寿命更长久。随着这样的变化越来越多，锁和其匹配的钥匙较它们最初的形状相去甚远。如果拿最初的钥匙开启演化后的锁，钥匙则可能会卡在锁里。

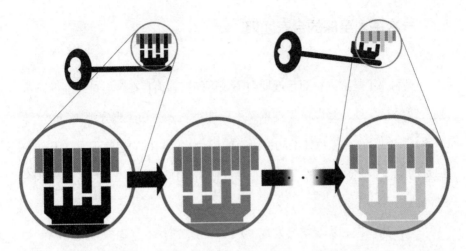

图 6.3：图为一系列的锁／钥匙组合，说明了锁和钥匙是如何随着时间的推移不断积累彼此匹配的变化的，也就是说它们协同演化。如此几次以后，最初的钥匙（黑色）将不再适用于演化后的新锁（浅灰色）。

在这一比喻中，钥匙和锁用以类比基因社会里相互作用的不同基因。要记住，这样的相互作用是无处不在的，比如，很多蛋白质需要结合到其他蛋白质上才能起作用。演化过程中发生一些基因突变会改变蛋白质的形状。一种蛋白质（钥匙）中的一个小变化就可能会略微降低其结合其搭档（锁）的能力。这一细微的变化反过来又会导致其搭档由于随机突变而发生相应变化，并增加该随机突变在种群中站稳脚跟的可能性。这一过程持续很长一段时间后，这两个蛋白质相互作用的部分都积累了相应的变化——它们协同演化了。

演化的结果有赖于基因社会的分子历史。如果再现大自然的演化过程，几乎可以肯定的是，演化结果在细节上是不同的。毕竟，每一段演化进程都有着随机性的作用。因此，当两个各自独立演化的种群首次结合时，混乱是不可避免的：不同基因社会的成员已经不知道该如何相互作用了。

一次感人至深的合家团聚

奥利弗不是猩人，而且近期内不太可能有猩人存在。但是有证据显示，猩人曾经存在过，至少在某种意义上存在过。人类和黑猩猩那4%的差异应该是均匀分布在染色体上的：所有的染色体以同样的速度积累基因突变，但是由于Y染色体"无性"，即不与其他染色体交换片段，所以它被排除在外。

然而我们进一步观察会发现，那4%的差异并不是均匀分布的——人类和黑猩猩的X染色体含有的不同点比其他染色体大约少20%。且这种情况只存在于人类和黑猩猩的比较中。如果将人类和大猩猩的基因组相比较，所有染色体，包括X染色体，基因突变的数目都更小。

关于人类和黑猩猩是如何成为不同物种的，以上例子告诉了我们什么呢？大约600万年以前，人类祖先和黑猩猩祖先同属一个物种。某一天，一部分成员离开了，并在遥远的他乡安家定居，它们再也没有回去。从那以后，这两个谱系各自独立演化，最终成为两个不同的物种。如果是这样的话，人类基因组中的所有部分与黑猩猩的基因组的相似度应该都大致相同，因为基因组中所有部分花在积累突变上的时间是一样的。

因此，为了解释了为什么基因组不同部分与黑猩猩的相似程度并不相同，我们需要接受如下可能：人类和黑猩猩两个谱系在分开许久之后，两者间极可能还交配繁殖过，那时双方的基因组中就已经积累了我们今天所见的大量差异。我们可以将那时候的它们看成是早期人类和早期黑猩猩，虽然它们双方很可能都有和它们的共同祖先一样的染色体数量——2乘以24条。双方成员之间的交配使得黑猩猩基因融入了人类血统，或者反过来，人类基因融入了黑猩猩血统。

那这如何解释人类和黑猩猩 X 染色体的相似度高于其他染色体呢？最简单的解释可能就是交配时整体上的性别不对称：如果在使自身基因组融入人类血统的黑猩猩中，雄性和雌性同样多，那么 X 染色体上的混种区域应该和其他染色体上同样多。但如果进入早期人类社会的只有黑猩猩中的雌性，那情况就不一样了：所有影响人类基因社会的交配都发生在黑猩猩雌性和人类男性之间。因此，它们女儿的基因组就正好是半猿半人；它们的儿子将会从父亲那里继承人类的 Y 染色体，从母亲那里继承黑猩猩的 X 染色体。人类的 Y 染色体上不会有黑猩猩母亲基因的痕迹；但是因为孩子从异种通婚那里继承的 X 染色体中有三分之二来自黑猩猩母亲，所以人类的 X 染色体就会比其他染色体留存更多异种通婚的痕迹，即使经历多代后依然如此。

这种异种通婚发生在很久以前。我们在讨论奥利弗所谓的半猿半人血统时就解释过，现在人类和黑猩猩的基因组是不同的，二者间并没有过渡地带：毫无疑问，黑猩猩和人类已经是两个完全不同的物种。有没有什么生物在生物进化方面比黑猩猩更接近人类呢？答案是没有——如今人类是孤立的物种，无法与任何其他物种通婚繁殖。但是在不久的过去，情况可并非如此。大约 40000 年前，生活在欧洲和中东地区的尼安德特人（Neanderthal）是人类的近邻。其实，在如今以色列的凯巴拉洞穴（Kebara cave）发现了尼安德特人和人类的骨骼，这表明二者在当时是同时存在的。

尼安德特人和人类的血统于 30 万年前在非洲分裂。不久后，尼安德特人的祖先移居到了中东和欧洲，后来现代人类到达欧洲后再次和尼安德特人相遇。因此，人类尼安德特人的基因组有足够的时间向偏离彼此的方向各自独立发展。当现代人达到欧洲后，他们的外貌（很可能还有感受）和又矮又壮、已经适应严寒的表亲大有不同。这些长相奇怪的人是人类吗？我们可以肯定，现代人类和尼安德特人之间存在过性行为，尽管无法确定这是否是双方自愿发生的。（参见图 6.4）

我们是如何确定这些性行为的存在的呢？尽管具体的细节依然不为人知，但是我们的基因组可以解释故事的梗概。如果我们足够小心仔细，我们可以从尼安德特人的骨骼中提取 DNA，以便了解其基因组。值得重申的是，基因社会不是一成不变的，人类现有基因组已经和那时的尼安德特人相去甚远了。但有趣的是，如果你正好是近代非洲后裔，那么你与尼安德特人的基因组间的差距要远大于与除非洲人之外的人（这些人的祖先在史前就已离开非洲）与尼安德特人的差异。

现代人类和尼安德特人在 30 多万年前分为不同种族后一定曾再度相遇，否则将无法解释为何非洲人和除非洲人之外的人之间存在这种系统性的差异。这种差异表明，第一批人类离开非洲后，他们曾与中东和欧洲地区的尼安德特人交配过。

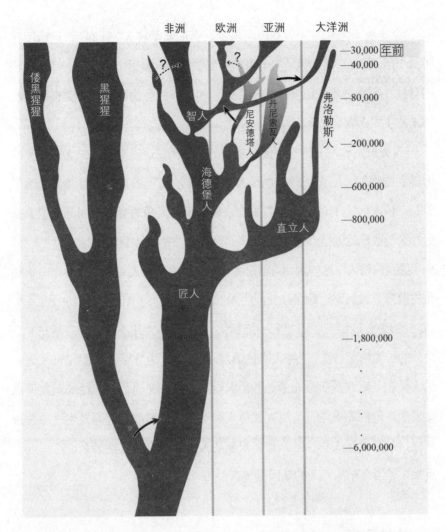

非洲　　欧洲　　亚洲　　大洋洲

图 6.4：图为人类与其亲缘关系最近的现存动物——黑猩猩和倭黑猩猩的演化树，详细描述了人类祖先之间近期的演化关系。图上的数字说明了演化树上的事件发生在距今多久以前。从演化树可以看出人类和黑猩猩在大约 600 万年前分开，不过有证据表明二者之间在那很久之后（靠近树根处的箭头）还相遇过，并发生了为数不多的几次性行为。大约在 30 万年前，现代人类与尼安德特人以及丹尼索瓦人（Denisovan）的祖先分离。现代人类最初居住在非洲，而他们的近亲则移居到了欧洲和亚洲。在距今不到 10 万年前，一些现代人类离开了非洲，在欧洲和亚洲与尼安德特人和丹尼索瓦人再次相逢。将尼安德特人和丹尼索瓦人与人类连接起来的箭头表明，在相应地理区域的人类基因组里，仍然存在着三者之间的性行为留下的痕迹。本图改编自拉卢埃萨－福克斯（Lalueza-Fox）和吉尔伯特（Gilbert）发表于 2011 年的演化树图。

除非洲人之外的人类基因组里存在有尼安德特人的DNA，这表明在不到10万年以前，人类是完全可以和尼安德特人繁衍下一代的。尽管我们的科技在不断进步，但普遍的认识是，作为一种生物物种，人类自那时起并未发生太大变化。

人类祖先和尼安德特人能成功繁衍下一代，这说明当时二者并不是两个独立的物种。尼安德特人也是人类：他们有自己的部落，且独立生活了很长一段时间，不过时间没有长到让他们积累太多的突变，因此他们的基因社会与我们的尚能兼容。为了清晰简明，本书后文中仍会继续使用"人类"和"尼安德特人"这些术语。但是要记住，尼安德特人也属于人类这一物种，是史前离开非洲到达欧洲和亚洲的人们的远亲。

当现代人类与尼安德特人相遇时，尼安德特人并不是唯一生活在非洲之外的人类部落。尼安德特人的远亲，被我们称之为丹尼索瓦人（Denisovan）的人类在结束穴居后在北亚某些地区定居。人们在他们居住过的洞穴里首次发现了他们的骸骨。与尼安德特人和早期现代欧洲人之间发生过性关系一样，丹尼索瓦人和当时到达东南亚的人类之间也有过性关系，这一点也反映在了当今东南亚人的基因组里。

比性更好

除非你是近代非洲后裔，要不然你的基因组里就会含有古人类种族的等位基因。但是你的基因组中不会有其他物种的基因，比如现代黑猩猩、大猩猩或者红毛猩猩的基因：正是因为不可能存在这种异种通婚，所以它们才是和我们不同的物种。

　　性的作用决定着种类：如果你的基因组能和另一个基因组融合，并产生没有明显的问题的后代，那么你们两个属于同一物种，你们的基因同属一个基因社会。那么那些不通过性也能繁衍下去的种类呢？从数量上来讲，细菌要远大于更复杂的生命形式，比如动物、植物、真菌，但可惜的是，细菌并没有有性生殖。那我们怎么知道两种细菌是否同属一个物种呢？

　　在近些年以前，我们判断细菌种类的根据仍然是一些模糊而武断的概念，这些概念是依据细菌外观或基因组的相似点得出的。这种分类方法相当笼统。例如同属于大肠杆菌这一物种的两种细菌，其基因组之间的差异要远远大于你和海豚基因组之间的差异。然而，即使是在无性的情况下，我们依然可以将"物种"定义为内部成员能融洽共处的一个团体，这种定义对细菌仍然适用。

　　性的本质是混合基因组，使得基因社会的等位基因在每一代中形成新的联盟。细菌可以通过无性方式形成这种新联盟（参见图6.5）。一个细菌能从另一个细菌中取走最多含有几十个基因的DNA，并将这些基因植入到自己的基因组里。新的DNA可以通过多种途径进入细菌细胞。外来DNA一旦进入细菌细胞，它们便能通过重组有效地融入细菌基因组，这个重组过程类似于人类中精子或卵子的母细胞在每一代人中重新混合染色体的过程。

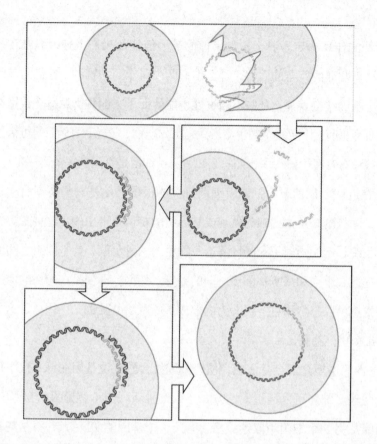

图 6.5：图中一个细菌将另一个与其有密切亲缘关系的细菌的一段 DNA 整合到了自己的基因组里。该细菌从它附近一个死去的远亲细菌中获取了一个 DNA 片段。这一片段将自身与该细菌基因组中的相应部分对齐，并取代了这个部分。这一过程就像人类精细胞与和卵细胞生产过程中发生的重组，在重组过程中染色体会交换配对部分。"细菌性行为"中的对 DNA 的混合不像动物有性生殖中对 DNA 的混合有着那么严格的调控，但是对基因社会的作用却是一样的。

　　在动物的有性生殖中，同源重组（homologous recombination）要求细胞机器能在两个来自父亲和母亲的配对染色体里识别出彼此对应的区域。在细菌里的类似过程中，这个要求同样适用：外来 DNA 要想融入细菌基因组，则其两侧的字母片段要能近乎完美地与细菌自身染色体中对应的字母片段配对。

细菌的物种定义由此有了一个极其简单的解释：当两个细菌基因组的配对部分相似度达到 99.5%，那么它们就可以成功重组。这些细菌的基因同属于一个基因社会，因此这些细菌属于同一种类。从人类到细菌，令每个物种与其近亲物种区别开来的遗传差异数目都在同一个数量级上——考虑到同源重组在性这一过程中起着核心作用，这一现象也许并非偶然。

要性，不要战争

从我们的基因组来看，我们知道现代人类和尼安德特人相遇的时候，他们之间是可以正常交配的，毕竟尼安德特人也是人类。那为何尼安德特人消失了呢？也许只是因为尼安德特人与他们的表亲，也就是之后从非洲过来的人类融合了。但是根据世界的现状来看，还有一种更大的可能。

从尼安德特人的角度来看，人类走出非洲的迁移属于入侵。现代人类则极可能将尼安德特人视为威胁，至少也是食物和房屋的可恶竞争者。多次交手之后，我们的祖先有可能想杀掉尼安德特人。如果真是这样，那他们可是非常利落，因为如今发现的尼安德特人骸骨中，距今最近的也来自至少 40000 年以前。

这又一次显示了无休无止的尔虞我诈的种族主义行为，驱使着这种行为的基因和观念至今仍然使人们在世界上肆意破坏。我们远古的祖先穿越撒哈拉沙漠征服世界，就像近几百年来欧洲的海上力量占领非洲、亚洲、澳洲和美洲的大部分地区。最初到达欧洲和亚洲的现代人类很有可能向当地人，也就是今天所说的尼安德特人和丹尼索瓦人发起过战争。

但是和近代的入侵一样，有些现代人类和尼安德特人之间发生了性关系，而非战争。如此一来，尼安德特人的遗传基因便牢牢地嵌入了现代人类的基因社会中。类似的情况遍布世界，例如，也有基因组证据显示丹尼索瓦人和尼安德特人之间发生过性关系。

那么现代人类和尼安德特人在欧洲的通婚带来了什么后果呢？对基因组中的大部分区域来说，如果一段现代人类的 DNA 被一段尼安德特人的 DNA 取代一般是不会有明显影响的。但是，在现代人类到达欧洲之前，尼安德特人已经在欧洲生活了 20 万年，因此他们更适应当地的气候和病原体。他们的基因社会包含了特殊的等位基因，能大大提高人类在欧洲的存活率。如果一个现代人类从其父辈或祖父辈中的尼安德特人那里遗传到了增强对当地适应性的等位基因，那么他会比纯种现代人类更有优势。

HLA-A 和 *HLA-C* 这两个基因对于免疫系统的正常运行非常重要。它们编码的蛋白质负责将蛋白质片段从细胞内部带到细胞表面。在细胞表面，HLA-A 和 HLA-C 蛋白质用这些片段发出"一切正常"或者"求救，我被入侵了"的信号。本书第二章探讨过这些信号。在人类的基因社会中，这两个基因有很多等位基因，你的基因拷贝中的具体字母序列将影响对于带到你细胞表面的蛋白质片段的选择，换句话说就是会影响你身体能认出的病原体的种类。如果你是欧亚混血后裔，那么你的基因组里很有可能会包含你的祖先从尼安德特人那里得来的 *HLA-A* 和 *HLA-C*。

同样，很多现代亚洲人的 *HLA* 基因和丹尼索瓦人的 HLA 基因高度相似。总的来说，现代亚洲人基因组中的 *HLA-A* 等位基因有 70%~80% 的可能源自某个非洲以外的远古族群——尼安德特人或丹尼索瓦人；现代欧洲人中的等位基因则有 50% 的可能源自尼安德特人。反过来，如果你的基因组正好属于非洲后裔，那么你只有 6% 的可能拥有尼安德特人或丹尼索瓦人的

远古 *HLA- A* 等位基因，而且这种稀有情况很有可能是因为你的祖先是从
亚欧大陆迁移过来的。尽管现代欧洲人并未遗传到尼安德特人的一半血统，
但谢天谢地，他们免疫系统的重要部分有一半来自尼安德特人。

　　基因社会一直在不断演化。当一个基因社会分裂成两个时，这两个基
因社会将不可避免地渐行渐远，无法挽回。倘若一个物种要演化出一项新
的天资，比如更大的大脑，它不一定需要新的基因，它可以改变对同一个
基因的调控方式——和产生新基因的方式相比，改变调控方式导致的变化
要常见得多。

THE
SOCIETY OF GENES

第七章

关键是你怎么用

成伟事难，谋伟事更难。 ——弗里德里希·威廉·尼采你是否听过棉花糖挑战？游戏规则是这样的：三到四人一组，将棉花糖搭建成尽可能高的建筑；除了棉花糖，每组还有20根意大利细面，一段3英尺（即0.9144米）长的胶带和一根3英尺长的绳子；每组有18分钟的时间完成挑战（参见图7.1）。

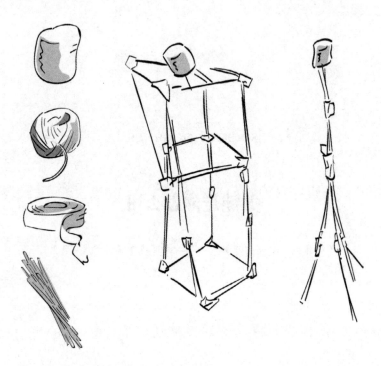

图 7.1：图为棉花糖挑战：用一根3英尺（即0.9144米）长的绳子，一段3英尺长的胶带，20根意大利细面，搭一座建筑把棉花糖放在上面，棉花糖要放得尽量高，而且建筑不能倒。用少量材料就能搭出各种各样的建筑。

大多数团队根本无法将棉花糖立起来。攻读工商管理学硕士（MBA）学位的学生更是有名地不擅长这项挑战，他们会花大部分时间争取领导权，直到挑战快要结束，他们陷入危机时，才会搭起一个不结实的建筑。

首席执行官们也好不到哪儿去，但是如果有项目经理加入团队里，成功的概率就大大增加。有意思的是幼儿园的小朋友玩这个游戏玩得非常好。他们有什么秘诀吗? 他们先从棉花糖下手,想方设法地把棉花糖越搭越高。

棉花糖挑战揭示了: 在完成一项任务时,管理的艺术起了决定性作用。即使每个团队都有同样多的胶带、绳子、意大利细面和时间,但其结果却很可能不尽相同。

大声表达

从生物角度来说,我们人类有很多新特征,使我们区别于别的动物,包括人类最近的亲戚黑猩猩。人类直立行走,大脑较大,还会发明科技。最强大的新特征也许就是语言了。根据哲学家路德维希·维特根斯坦(Ludwig Wittgenstein)的观点,语言交流是理解世界的基础,我们对口腔鼻腔中气压做出细微调整以进行复杂交流的能力也许是我们能拥有复杂思维的根本原因。语言从何而来呢? 基因社会里的何种新特征是使我们能够说话的必要条件呢?

要回答这一问题,我们需要确定哪些基因与创造及理解语言有关。确定语言形成所需基因的一个方法是对比有特定语言缺陷的人和正常人的基因组,找出两者之间的遗传差异——即我们在第五章讨论过的全基因组关联分析。

英格兰的一个大家族成为了这种研究中极佳的研究对象。这家的祖母有严重的语言障碍,无法使用和理解语法,她说的话别人也理解不了。她的五个孩子中,有四个情况类似;而这四个孩子的孩子们中,大约一半也有这种语言障碍。在鉴定患病的和未受影响的家庭成员基因组之间的遗传差异时，人们发现了罪魁祸首：一个名为 *FOXP2* 的基因。在患有语言障碍的家庭成员中，*FOXP2* 基因上和其周围有着大量的基因突变。

还有两个原因表明 *FOXP2* 有可能是影响语言的重要基因。第一个原因是 *FOXP2* 的工作性质：它是管理者，而不是执行者。你可能还记得在基因社会里，有些成员（执行者）执行细胞运转所需的工作，比如解旋 DNA、构建细胞膜、分解糖类等，还有一些成员（管理者）调控执行者。大多数管理者属于一个叫作转录因子（transcription factor）的基因家族，它们通过与基因的分子开关相结合来关闭或者开启其他基因的功能（参见图 5.5）。

这种转录因子管理者的数量是由他们调控的社会的大小决定的：当基因组中的基因数目翻番时，其所需的管理者数目是原来的 4 倍。人类有很多基因，其中有十分之一是转录因子，包括 *FOXP2*。语言是一项复杂的性状，需要大脑和咽喉中重要的结构变化，因此 *FOXP2* 需要大量的执行者来完成这些任务。但是，由于 *FOXP2* 相当于是总经理，一旦它停止工作，它管辖的执行者便也会停止工作，于是就会出现语言障碍。

FOXP2 在人类语言中起到重要作用的另一个原因在于它的基因组邻居。还记得当我们比较两个人类基因组时，我们大约能在每 1000 个字母中找到一处不同（缺失和插入的字母忽略不计）。然而含有 *FOXP2* 基因的区域却是例外。全人类的这部分基因都差不多，差异甚至比常见的 0.5% 的差异还小。这种一致性不太可能是偶然事件，只有当某一区域内几乎所有字母都对机体起着至关重要的作用时，才会出现这么少的差异。也就是说，该区域一旦突变，对其携带者来说是致命的。我们已经知道，基因内部或者周围的大多数突变是不会严重影响该基因的功能的。那为什么全人类的这段基因组会如此相似呢？

　　这种模式暗示了选择性清除（selective sweep）的存在。史前某个时候，我们祖先的交流方式十有八九类似于其他哺乳动物，只有一些简单的叫声。但是有一个早期人类，我们姑且称之为俄耳甫斯，他携带有一种基因突变使他能表达较为复杂的短语。他的孩子们遗传了这种突变的等位基因，因而互相能进行空前复杂的交流。

　　由于更好的交流能提升合作的水平，俄耳甫斯的子孙比他们部落的其他人都要成功，后代也比其他人多。如此一来，俄耳甫斯的基因突变便扩散到了整个史前人类的基因社会里。几代人以后，在能够通婚的范围内，所有人都遗传了俄耳甫斯的等位基因，能够更好地进行交流。

　　俄耳甫斯的子孙并不是全都遗传了这一优势突变，即便是携带这个突变的子孙也并没有遗传到俄耳甫斯的整个基因组，他们的基因组有一半来自他们的母亲。俄耳甫斯的全套基因并未在种群中扩散开来，扩散的只有该基因突变。但是该突变是一个基因组里固定位置上的单个字母，它并非单独存在，它的附近还有其他的字母和基因。随着该基因突变在种群中越来越普遍，与它最邻近的基因也随之变得更为普遍。这是因为，在为下一代做准备的过程中，同源重组的次数并不多，因此，与这一突变相邻的基因不太可能在短时间内与该突变分离。

　　换句话说，如果由于自然选择，优势突变在种群中数量增加，与它紧邻的基因通常也会跟着搭顺风车。用不了多久，种群中的所有人都会得到该基因突变以及与之相邻的等位基因。最终，每个人的基因组里那一整片区域都变得一模一样。这种在优势突变位点本身和其周边区域缺少变异的现象是一个演化上的标识，表明自然选择导致了一些近期的改变。你基因组中 *FOXP2* 所在的片段正是这种选择性清除的结果。

FOXP2 基因给予了人类说话的能力，但是其他哺乳动物或者鸟类同样拥有这种基因，却并没有说话的能力。*FOXP2* 是一种"随便"的基因，它在所有哺乳动物和鸟类的胚胎器官发育中扮演多重角色。那么 *FOXP2* 究竟发生了什么变化，使它赋予了俄耳甫斯及其后裔更高级的交流技能呢？

答案不在于 *FOXP2* 是什么，而在于它是如何发挥作用的。*FOXP2* 作为管理者的同时也是被管理者。其他管理者事先预定好了一套人体内的时间和地点，合适的时候就启动 *FOXP2*。比如在肺和肠道的发育过程中，*FOXP2* 就会被启动。

与黑猩猩和其他猿类的 *FOXP2* 基因不同，人类的 *FOXP2* 在大脑中一个名为"X 区域"（area X）的特殊区域是非常活跃的。神经学家认为该"X 区域"负责语言。人类的基因社会似乎并不需要新成员来促进语言的使用。语言的出现是由于管理发生了改变而不是接收了新基因成员。

再说俄耳甫斯，我们目前对使他能说话的基因突变有了一定的了解。*FOXP2* DNA 序列上的突变并没有改变它本身的功能，而是改变了与它结合的其他蛋白质的工作方式，从而改变了对于 *FOXP2* 于何时何地工作的调控。这一变化类似棉花糖挑战——所有团队拥有的资源都是一样的，团队成员需要更好地利用资源才能得到满意的结果。

鸟类不会说话，但是从某种程度上讲，鸟鸣对于鸟类而言就相当于人类的语言。鸟鸣比简单的鸣叫要长得多，也复杂得多。它与求偶和交配行为都有密切联系。鸟鸣有自己的语法，从其表达的多样性和规律的节律来看，鸟鸣的结构与人类的音乐类似。很多鸣禽的鸣唱至少有一部分是从父辈那里学到的，从而发展出了当地鸟类特有的"方言"——这与人类语言的发展类似。

并不是所有的鸟类都会鸣唱。那么鸣禽和非鸣禽之间的区别是什么呢？鸣禽的基因组并不比非鸣禽多出任何"鸟鸣基因"，但是鸣禽的 *FOXP2* 基因在 X 区域是活跃的。鸟类大脑的 X 区域与人类大脑的 X 区域是对应的，在鸟类的语言学习中起着重要的作用。此外，金丝雀在特定的季节里会改变它们的鸣唱，也只有那个时候 *FOXP2* 才会被启动。鸟鸣与人类的语言惊人地相似：在这两种物种中，对 *FOXP2* 的管理都发生了同样的关键变化。当然，仅 *FOXP2* 的活动是无法解释语言的复杂性的，但是这种基因在大脑特殊区域中的表达是语言和复杂语法的先决条件，这一点证据十足。

大脑理论

多亏了我们更大的大脑，人类才得以发明和掌握越来越复杂的技术——从火的使用到智能手机的发明。那么构建更大的大脑是否意味着需要向基因社会中引入新的基因呢？ *FOXP2* 的故事表明，或许改变管理方法就足够了。

让大脑更大的一个方法就是大脑发育时，让脑细胞进行细胞分裂的时间稍长一点，以便产生更多的脑细胞。我们的大脑和黑猩猩的大脑在很多方面都很相似。自人类与黑猩猩的基因社会分道扬镳，在这 600 万年里，人类的演化或许就在于基因组中的管理者们调控大脑发育的方式。

这一观点是有据可循的。人类和黑猩猩的基因组中有一个区域在两个物种中有所不同，这个区域含有 *GADD45G* 基因的分子开关。*GADD45G* 是一个管理者基因，它参与管理何种细胞应该停止生长，这是抑制恶性肿瘤的关键工作，因此，*GADD45G* 被视为一个肿瘤抑制基因。在人类的 *GADD45G* 基因中，该基因调控区域的 DNA 缺失了一大段，大约有 3200 个字母。

如果将小鼠中对应的基因组区域移除，那么一个参与大脑生长的基因就会改变它的基因表达。因此，为什么人类的大脑这么大就有了一个可信的解释：在胚胎发育的过程中，有一个管理基因丧失了告知具体的大脑部位在特定时间停止生长的能力。有趣的是，和现代人类一样，在同样拥有较大大脑的尼安德特人中，该基因也丧失了这种能力。

在解释黑猩猩和人类之间的差异时，管理方式的改变似乎并非特例，而是极为常见。事实上，没有任何一个基因是人类或黑猩猩独有的。此外，人类和黑猩猩中由于基因的差别而导致的氨基酸序列差异其实很小，对蛋白质功能的影响并不大。实际上，在人类和黑猩猩中，管理者基因及执行者基因几乎是一样的，但是管理者基因发出的指示是不同的。

这让人想起高露洁牙膏公司的都市传奇。很多年前，高露洁公司的销售量缩水，公司领导人召开会议进行头脑风暴，以寻找办法提升销量。当时正好有一名清洁女工在会议室里，她建议将牙膏管口做得更大一点，这样每次使用牙膏时挤出的牙膏就更多。剩下的故事就家喻户晓了。没有必要费尽心思开发新的产品，只要一个小小的变动就可以改变全局。

人类每个细胞的基因组包含 20000 个基因，由此产生了各种各样数不胜数的基因组活动。简而言之，一个细胞能打开或关闭它的每个基因：每个基因要么被读取并生产蛋白质，要么不被读取并保持休眠状态。实际上，基因组活动有着无穷个不同的可能状态，尽管并不是所有状态都是可行的。想象一下电路——同样的电阻和电容以一种方式被绑在一起可以发出火灾警报，以另一种方式则可以形成一个无线电（参见图7.2）。

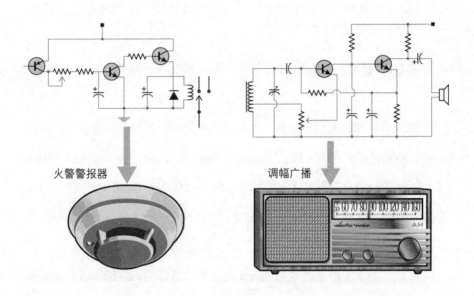

图7.2：同样的电路元件，如果连接方式不同，则功能可能截然不同。

　　人体内各种细胞的功能都是由该细胞中基因活动的模式决定的。尽管所有细胞实际上都拥有一套相同的基因，但并非所有的基因在任何时候都处于"打开"状态。例如，某种特定的肝细胞会有它自己的开／关设置：只有这种肝细胞所需的基因会被开启，其他的基因都处于关闭状态。通过改变管理模式，即对于哪些基因该开启、哪些该关闭的具体设置，人类的基因组编码了人体多种不同类型的细胞。从理论上来讲，基因组能够控制的细胞类型比人体内已有的还要多得多，因此，通常没有必要创造新基因。

　　要比较人类和黑猩猩，更准确的方法是既关注两者基因本身的差异，又关注两者的各类细胞中基因分子开关的差异。如果对大脑、肝脏和血细胞进行这种比较，我们会发现人类和黑猩猩在基因表达方面的差异在大脑中最为明显。这也不奇怪，因为大脑是区别人类和其他动物的主要器官。或许，人类较其他物种更高的智力水平或许真的是基因管理改变的结果。

基因开启键

管理者具体是如何让其他基因各司其职的呢？从科学角度讲，回答这一问题的关键通常在于还原论（reductionism）。正如生物学家彼得·梅达沃（Peter Medawar）的名言："科学是解决问题的艺术。"一个复杂的过程由许多谜团组成，谜团如此之多，以至于不能一次性全部解开。解开的秘诀就是各个击破。

因此，为了了解基因是如何在无比复杂的人体内运转的，我们需要把问题简化到可解决的范畴。为了进一步解答这一问题，让我们来研究一下比人类简单得多的生物——我们的老朋友大肠杆菌的一个基因开关。

假设我们研究的是大肠杆菌中参与消化牛奶中主要糖分乳糖的分子开关。大肠杆菌乳糖操纵子（operon）是一个包含一套基因的基因组区域，这套基因共同编码了吸收和消化乳糖所必需的分子机器。因为单个大肠杆菌细胞面临着周边细菌的激烈竞争，所以这套基因的活性受到了严格的调控。这些基因需要在必要之时处于活跃状态。但从另一方面来说，若是将能量或者细胞内部有限的工作环境浪费在多余的蛋白质上，那么细菌将得不偿失。因此，大肠杆菌基因组不得不不断演化，根据可用资源来调控操纵子。

乳糖操纵子包含一段开关区域，这段区域调控着整套基因的表达（这些基因都是一起管理和读取的）。这段区域对乳糖操纵子的管理取决于环境中是否存在有乳糖或者葡萄糖。如果乳糖（而不是葡萄糖）在当下环境里存在，乳糖基因（lac genes）就必须被启动，以便将乳糖转换为细胞的能量。相反，当周围没有乳糖的时候，这些基因必须关闭以避免浪费资源。当更具营养的食物来源——葡萄糖存在时，细胞需要使尽浑身解数生产消化葡萄糖的蛋白质。在这种情况下，哪怕此刻还有乳糖，它也必须停止生产消化乳糖所需的蛋白质。简而言之，只有当乳糖存在且没有其他更好的食物时，由整套乳糖基因编码生产的消化机器才应该被启动。

这个程序是如何被基因编码的呢？你可能还记得第一章讲过，聚合酶（polymerase）是一种蛋白机器，能够读取基因序列并传送给信使核糖核酸（messenger RNA），从而有效地启动该基因。要想读取乳糖基因，聚合酶首先需要使自己结合在乳糖操纵子的起始端。

当细胞里没有乳糖时，一种阻遏蛋白（repressor protein，它是一种低级别管理者）会附在位于乳糖操纵子之前的 DNA 上，这个位置正是 DNA 读取机器与染色体结合的部位。由于阻遏蛋白阻碍了聚合酶，因此乳糖基因无法被解读，也就无法生成加工乳糖的机器。当乳糖分子再次出现在环境中时，有一些乳糖会进入细胞并与阻遏蛋白结合。这种结合会略微改变阻遏蛋白的形状，使得阻遏蛋白无法继续与 DNA 结合。由于阻遏蛋白的离开，聚合酶便得以与 DNA 结合，从而生产出加工乳糖的蛋白质（参见图 7.3）。这是管理算法的第一部分：没有乳糖，就不启动乳糖基因。

聚合酶可能会偶然找到读取乳糖操纵子的起始点，但是这种情况的概率很小，速度太慢，无法生产出消化乳糖所需的大量蛋白质。为了指引聚合酶到达其行动地点，第二个管理者会生产一种激活蛋白（activator protein），这种激活蛋白在 DNA 上的结合位点正好位于聚合酶结合位点之前。但是，当细胞里有葡萄糖时，激活蛋白本身便失去了活性，因此只有极少量的乳糖消化机器能被生产出来。

这就是决定乳糖操纵子表达的算法中的另一半：为了充分利用更有营养的葡萄糖，细胞资源会从乳糖加工中转移出去。因此乳糖操纵子的管理就像计算机里一个简单的逻辑门（logic gate）：若有乳糖而没有葡萄糖，则生产消化乳糖的蛋白质；若是任何其他情况，则不大量生产消化乳糖的蛋白质。

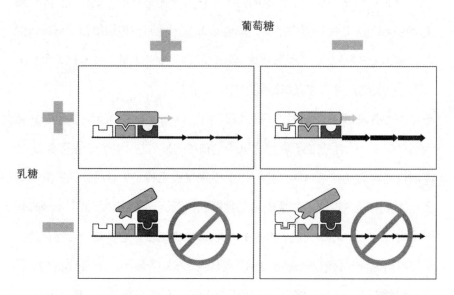

图 7.3：乳糖操纵子所编码的逻辑门（logic gate）。左右两栏分别代表细菌环境里有葡萄糖和无葡萄糖的情境，上下两栏分别代表有替代糖乳糖和无乳糖的情境。消化乳糖需要三个乳糖基因（黑箭头）。当没有乳糖时（下栏），一个阻遏蛋白（深灰色）会遏制乳糖基因蛋白质的表达，因为乳糖基因蛋白质只有在存在乳糖的情况下才有用。当首选的糖类葡萄糖不存在时（右栏），一种激活因子（activator）（白色）就会促进聚合酶结合到乳糖基因上从而增强乳糖基因的基因表达。只有当没有葡萄糖而存在乳糖时（右上），乳糖基因才会高水平表达。

电脑的"大脑"——中央处理器是由数百万个这种简单逻辑门构成的。基因组同样能够执行单个逻辑门所进行的这类型运算，我们在乳糖操纵子中看到的便是这一原理的体现：转录管理者将它们周围的信号传送到基因组中的特定位置，而转录因子则相互组合构成了逻辑门，以诱导或阻碍转录机器进入被管理的基因。

基因社会中管理上的成功并不是因为基因具有智力或特定目的。参与管理的蛋白质沿着染色体跳跃，但这其实只是它们分子间亲合力的结果：由于其形状以及表面电荷，这种蛋白质能吸引某些特定的分子，其自身也可能被吸引到某些大分子上，比如 DNA 字母的特定序列。观察大肠杆菌的乳糖操纵子可以让我们初步了解人类基因社会是如何管理的，当然人类基因社会远比大肠杆菌的基因社会复杂得多。

我们在第五章遇到过 *SOX9*[①] 基因。当它生产蛋白质的能力发生突变时，就会出现不同表型（phenotype）。很多管理者会与 *SOX9* 基因结合，以诱导或抑制其表达。在大肠杆菌的乳糖基因里，一整套基因都是一起管理的；而在人类的基因组里，每个基因都有自己的运算单元。这一过程可以建立起复杂的管理网络。成套的基因共同作用以行使某一功能，而转录因子通过级联反应[②] 来对这些基因进行管理。如此一来，一个转录因子本身的活动由其他转录因子控制，从而构成复杂的信息加工链。

为了窥见这一网络的冰山一角，让我们再看看 *SOX9* 基因，重点看看当你还是一个胚胎的时候，决定你性别的因素是什么。最初，无论你是什么性别，*SOX9* 基因都会在你体内表达。如果你是一名女性，那么在你体内未来的卵巢部位，你的基因组还会开始表达一种名为"β 联蛋白"

---

① 在生物学中，基因及其编码的蛋白质通常共享同一个英文名。为了便于区分，基因的英文名通常用斜体表示，而蛋白质的英文名则不用斜体。
② 级联反应（cascade）：指一系列连续事件，且前一事件能激发后一事件。此处指一系列的转录因子，前一个转录因子的活性会导致后一个转录因子的表达。

（beta-catenin）的蛋白质。β 联蛋白会找到 *SOX9* 蛋白质并与其结合。这可以说是一个绝命行动，对 β 联蛋白和 *SOX9* 蛋白质来说都是毁灭性打击。随着 SOX9 蛋白质水平降低，这些细胞开始发育形成卵巢。为了确保这一发育过程中的决定不会被更改，在你的余生里，其他管理蛋白会阻断 *SOX9* 的转录，来确保你卵巢内的 SOX9 蛋白质维持在低水平。

如果你是一名男性，你的基因组里包含 Y 染色体，那么情况就相反了。你的 Y 染色体含有 Sf1 基因，这个基因能进一步促进 *SOX9* 基因的表达。SOX9 蛋白质一旦积累到一定程度，它就开始掌控全局。SOX9 蛋白质会回到它们自己的基因上（这种蛋白质是转录因子）并且进一步促进 SOX9 蛋白质的生产，以确保该蛋白在你的一生中都维持着高表达水平。但是 β 联蛋白就没有机会达到较高的表达水平了。它们的数量远不及 SOX9 蛋白质，因此，它们与 SOX9 结合的绝命行动反而使它自己从你未来的睾丸中消失了。SOX9 可以自由地统治天下了，它将你细胞的命运推向前往睾丸的道路，一去不返。

SOX9 蛋白质管理它自己的表达，创立了一个正反馈循环，这一切并不是巧合。这能保证一旦 *SOX9* 基因被开启——能开启就说明 SOX9 蛋白质积累到了一定的数量，超过了特定的阈值——它能一直处于开启状态：通向睾丸的发育之路是有去无回的。在这一运算中还有一个有趣的细节，即"前馈循环"（参见图 7.4）。*Sf1* 控制 *SOX9* 的水平，但是它需要另一种蛋白质的帮助，即 Y 染色体性别决定基因（*SRY* gene）编码的蛋白质 SRY。事实上，SRY 也是由 *Sf1* 开启的。

为什么要使用这么复杂的结构呢？为什么 *Sf1* 不自己控制 *SOX9* 呢？为什么要先引诱第二个管理者的表达，以使其帮忙完成这个任务呢？使用第二个管理者似乎是为了确保稳定。基因社会的管理绝不是完美无瑕的。如果 *Sf1* 偶然在女性胚胎中有短暂的表达，并且仅仅凭此就开启了 *SOX9*，那么一不小心就可能会出现女性体内长出睾丸的现象。但是因为有前馈循环，所以上述情况不会发生：只有当 *Sf1* 蛋白质存在很长一段时间时，才能积累足够多的 SRY，从而帮助 *Sf1* 打开 *SOX9*。因此这种管理方式可以确保小误差不会扰乱既定的程序。

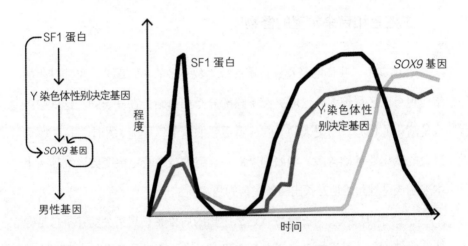

图 7.4： 前馈循环（左）和其时间函数（右）。短暂的 Sf1 蛋白质表达并无法使 Y 染色体性别决定蛋白（SRY）积累到足够的量，因此不足以开启 *SOX9* 基因。相比之下，较长时间的 Sf1 蛋白质表达能够积累足够的 SRY，二者合力开启 *SOX9* 基因。

　　由于在很多系统中，偶尔的短暂变化对稳定性而言举足轻重，因此这种前馈循环就会一次又一次地在你的基因组里形成。同样地，正反馈循环（它确保系统一旦启动就一直处于打开状态）和负反馈循环（一旦一个转录因子有了足够多的拷贝，它就会停止该转录因子的生产）是经常能派上用场的，这也使它们成了基因组管理结构里的重要部分。

目前为止，我们只谈了一种调控机制，或者说是一种计算回路：转录因子与你的基因组结合，诱导或抑制基因表达。但是你体内每个细胞内部的"计算机"要比这种计算回路复杂得多。进化是一个多面手，它用尽一切手段做好计算。完成计算的方式多种多样，除了上面提到的计算回路外，还可以通过蛋白质和 RNA 干扰转录和翻译、破坏或者稳定信使 RNA 以及蛋白质，以及通过化学修饰来关闭或打开你基因组中的某一整段。

主控者和带来希望的怪物

在前文中，我们已经看到，哪怕是为数不多的不同部分，可能产生的结构也可以多得惊人，这取决于不同部分是如何组合在一起的。这一原则也是演化的核心。与更大的大脑或者更强的调节气压能力相比，这一原则导致的变化要基础得多。例如，果蝇基因组的某个特定突变会导致其头上本来应该是触角的地方长出两条多余的腿。

一个字母的改变怎么会导致这么严重的后果呢？其实突变并不总是导致新的结构——果蝇本身已经有几双腿了，这只不过是又多了一双腿，并不是什么没见过的部位。此外，这双腿长出来的位置本是触角的位置。该突变并没有创造出新的身体部位，它只是将身体的一部分变成了另一部分。

1900 年，英国遗传学家威廉·贝特森（William Bateson）发表了一本关于上述变化的编目。其中有人多了一对乳头，有的多了一对肋骨。贝特森得出结论：自然的改变通常是间断的，也就是说它们呈跳跃式出现。而这与达尔文的观点——演化是一个渐进的过程——相矛盾。

尽管达尔文是对的，大多数情况下演化是渐进的，但是偶尔的跳跃式发展也并不违背规律。在基因社会的历史中，渐进式变化更为普遍，只是因为这样的变化更不容易扰乱它们编码的生存机器。尽管如此，贝特森记载的各种改变充分证明演化是可以呈跳跃式发生的。

这种变化可能是令人毛骨悚然的，也可能是滑稽的，有的时候还会产生所谓的"带来希望的怪物"，即拥有更高适合度的个体。比如，想象一下一个基因突变使有两只翅膀的果蝇拥有了四只翅膀，多的那两只翅膀长在一般果蝇长平衡棒的位置。平衡棒是一个很小的附器①，是用来保持平衡的。对于飞行昆虫来说，四只翅膀也许胜过两只翅膀，至少在某些时候如此。其他很多昆虫，比如说蝴蝶，就真的有两对翅膀。

但是，附器中有着许多不同种类的特化细胞，单个突变是如何精心安排一整个附器及其细胞，使它们井井有条的呢？这种不可思议的突变使一种名为超级双胸（ultrabithorax，简称超双胸或 Ubx）的基因活性减弱了。超双胸基因负责管理平衡棒的生产，而平衡棒的位置正是古时候果蝇祖先的翅膀最初出现的位置。换句话说就是，果蝇的第二对翅膀演化为平衡棒了。

蝴蝶虽然保留了它们来源于先祖的两对翅膀，并没有长出平衡棒，但是它们也有超双胸基因。蝴蝶的第二对翅膀的大小和眼点斑纹都不同于其第一对翅膀。在所有昆虫中，超双胸基因精确控制着哪段体节该长什么。

超双胸基因是一个高级主管，编码一个控制安排昆虫附器的转录因子。果蝇和蝴蝶超双胸基因的不同之处在于其管理的基因不同：果蝇的超双胸基因开启的是生产平衡棒的基因，而蝴蝶的超双胸基因则开启生产第二对翅膀所需的基因。

---

① 附器（appendage）：指生物体上从躯体突出的部分，比如四肢。在昆虫中，附器包括触角、口器、翅膀、腿等等。

对于胚胎发育中基因管理者的研究让我们有进一步的认识。200 年前，一位传奇人物——生物学家卡尔·恩斯特·冯·贝尔（Karl Ernst von Baer）遇到了一个有趣的困境。他有许多样品瓶，分别装有爬行动物、鸟类和鱼类的胚胎，但是瓶子上面的标签都已经磨损得看不清了。所以，这位世界上最伟大的胚胎学家尝试着通过肉眼分辨出各种胚胎，然而他失败了。他发现胚期的某个阶段，所有的脊椎动物看起来基本上是一样的。

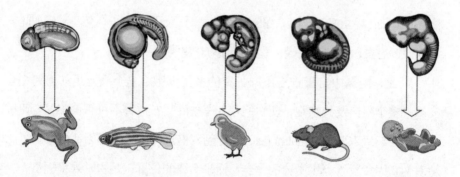

图 7.5：尽管各种动物的形体构型（下）大相径庭，但是它们种系特征发育阶段的胚胎（上）却是惊人的相似。

胚胎发育的这一特殊时期叫作"种系特征"发育阶段（"phylotypic" stage）。这个时候胚胎开始呈现出脊椎动物典型的可识别特征（见图 7.5）。种系特征发育阶段显示出了一种大致的结构，这以后会发育成各种动物独有的特化特征——比如说乌龟的壳、猪的口鼻部，以及人类较大的大脑。在《物种起源》里，达尔文借用冯·贝尔的观察，作为所有物种都源自同一祖先的证据。

这让我们对生物体的构成有了什么样的了解呢？人们花了 100 多年才搞清楚为什么各种动物在某个特定的胚期如此相像。要了解为什么，我们首先还得回到果蝇的话题上。果蝇身上有一些基因，一旦变异，它们会改变果蝇全部的身体结构（将触角变成腿，或者是将平衡棒变成翅膀）。

在这些基因中有两个意外的发现。首先，在果蝇的基因组图谱中，这些可以导致身体结构变化的基因是彼此紧邻的。其次，在发育的过程中，这些基因开启的顺序和它们在染色体上的排列顺序是一样的。这就好像这段区域有一个构造果蝇的设计图一样。

但当将果蝇的这片基因组区域与其他动物的这片区域相比较时，人们获得了惊人的发现：同源异形基因家族（*Hox* family），即果蝇中改变身体结构的那些基因，在秀丽隐杆线虫（*C. elegans*）和小鼠中也同样存在，且它们在基因组中的排布几乎一模一样。20 世纪 80 年代以前，人们一直以为不同动物中的基因极为不同。因此，这一发现令人觉得简直不可思议。

不同动物的同源异形基因不仅字母序列极其相似，还能互换。如果一条线虫或者一只小鼠的一个同源异形基因拷贝受损或残缺，那么可以用果蝇的相应基因来挽救，使其正常发育。大多数动物有同源异形基因簇（有些动物没有，比如栉水母）。由于同源异形基因决定着每个身体部位最终发育成什么，我们现在知道为什么在某个阶段，不同动物的胚胎看起来如此相似了：它们的高级主管是一样的，拥有同样的同源异形基因。

不仅是同源异形基因，在不同动物的基因组中，控制发育的部分也是惊人的相似。例如，三个监管肌肉发育的关键管理者基因在所有动物中都是一样的，不过发育结果大不相同，比如果蝇和小鼠的肌肉就极为不同。这一结果并不是因为这些基因本身不同，而是因为它们相互作用的方式不同。管理相互作用的是一个由合作与阻挠组成的复杂网络，其中有些相互作用在所有动物中都是一样的，但是有些却在演化过程中变得完全不一样了。

观察完动物发育，我们来看看与之完全不同的另一种发育。当条件不好的时候，枯草芽孢杆菌（*Bacillus subtilis*）可以将其后代封入一种类似时光胶囊的东西里，等到条件改善的时候，这些后代才会出现。当营养不够的时候，枯草芽孢杆菌开始产生一种叫作"芽孢"的东西。芽孢是一种非常顽强的特殊细胞，它能够抗住滚烫的开水和原子弹爆炸产生的辐射。当生产完芽孢以后，产出芽孢的母细胞就会自杀，留下孩子静待情况好转，哪怕要等上 1000 年。到那个时候，这个芽孢就会履行一个正常枯草芽孢杆菌的职责。和前文提到的发育过程一样，这个过程也是由一个管理者网络控制的。

首先是一个被称为 *Spo0A* 的高级管理者，它会开启一整个由其他管理者参与的级联反应，直到整个细胞都致力于生产芽孢。这很像人体内的一些细胞在胚胎发育阶段致力于建造卵巢或睾丸。其实 *Spo0A* 并不是什么陌生的新基因——它是细菌同源异形基因中的一个，不过叫了另一个名字罢了。在所有的细胞生命里，大多数高级管理者都是彼此的远房亲戚，只是在不同的机构里从事着相同类型的工作。

关于基因调控，最后思考一下：想象你在一场事故中失去了一根手指头，你为什么不干脆再长一根新手指呢？你曾经长过这根手指，所以你的细胞知道怎么做，那它们为什么不能再做一次呢？尽管我们中大多数人都很幸运，手指完好无损，但是牙齿的情况可就不一样了。如果我们能长出天然的新牙来代替原来的旧牙，岂不妙哉？

在过去的 60 年里，我们学会了如何解读和理解大多数的基因组语言，但是对于如何说它们的语言，我们知之甚少。会不会某一天我们会学会如何改变遗传程序，从而帮助我们的身体替换残缺的部位呢？

蝾螈（salamander）能重新长出四肢和眼睛，其他动物也有类似能力再生失去的身体部位。通过研究它们基因组和人类基因组的差别，终有一天或许我们也能够让我们的细胞再生身体的某些部位。

基因调控使得同一套基因有了很多种可能的表型。但并非所有新特征都是混合和配对的结果。有的时候，向基因社会中引入新成员是非常必要的。

THE
SOCIETY OF GENES

第八章

剽窃、模仿和创新之源

原创不过是明智合理的模仿。——伏尔泰

在 20 世纪早期，今天以色列的所在地出现了两种集体社区：基布兹（kibbutz）和莫沙夫（moshav）。假设有两位年轻女性（暂且称她们为埃达和伊娃），一个在基布兹社区长大，另一个来自莫沙夫社区，她们的职业道路会是什么样的呢？

当时有上百个基布兹社区。在这种社区里，人们建立了一个集体生活的体系，以践行一种乌托邦社会主义。埃达和其他基布兹小孩一起成长，而不是与父母一起生活。各个家庭一起分享所有的资源，整个集体只有一个银行账号。

当埃达长大后，她应该留在基布兹里并嫁给一个和她一起长大的伙伴。她会参与基布兹的主要业务，也许是一个专攻钻石切割的工厂，或者是一个生产滴灌装置的工厂。由于随着代代相传，人数不断增长，因此基布兹社区需要创造新的就业岗位。

为了满足这一点，人们常常将一个现有的工作分成好几个专业职位。例如，如果埃达的母亲在基布兹工厂的工作包括两个相关的任务，比如为切割的钻石抛光并检查钻石的质量，这一工作可能会被分割成两个工作岗位，分别给两个女儿。埃达会专门负责检查钻石质量，她姐姐专门负责抛光。这种分工使得艾达和姐姐比她们的母亲更专业。

成长于莫沙夫的伊娃则与埃达的经历不同。莫沙夫是一种集体耕作的农业社区，有许多至今仍然存在。每个家庭都有一个固定大小的农场，生产某种特定的农作物或农产品。莫沙夫的目标是让这个社区能够自给自足。由于每个家庭的农场大小是恒定不变的，因此只能有一个孩子继承整个农场。这个孩子必须继续耕作，剩下的孩子则一点地也没有。

假如伊娃的家庭是专门负责制作山羊奶酪的，而她没有继承到农场，所以她得考虑别的职业选择。她可以带着自己制作山羊奶酪的技能去别的社区，也许也是一个莫沙夫，只是这个莫沙夫没有制作奶酪的人。这种技能的转移使新的莫沙夫吃上了山羊奶酪，伊娃的未来也有了保障。伊娃和她的新社区都会从中受益。

以眼还眼

基布兹和莫沙夫孩子们的情况代表了一个社区的新成员不同的谋生方式：通过专业化形成新的行业，或者将他们的技能用于另一个社区。同样，专业化和技能转移也是新成员融入基因社会的两大主要方式。

我们来看看第一个例子：在人类的演化史中，新基因是如何被招募到基因组中，使我们祖先看到的世界从此从黑白变为彩色的呢？我们看到的色彩来源于我们眼睛里的受体接收到的信号。这些受体只有三种，每种负责接收一定频率范围内的光：一种受体接收红光，一种接收绿光，还有一种接收蓝光。每种受体分别由一个单独的基因生产。于是，当光线进入眼睛时，它会触发三种特定的信号，这些信号之后经大脑处理，使我们能够分辨出几百万种颜色。

为了理解由这三种受体组成的体系是如何演化的，我们有必要先了解一下一个更为近代的事件：彩色电视的发明。这一发明对我们洞察虚拟世界来说是激动人心的一步。当电视机还是黑白的时候，很多人相信他们的梦也是黑白的。但是从科技角度来讲，一旦你已经知道如何显示黑白了，那显示彩色会有多难呢？

彩色电视能通过欺骗人类的色觉（color-vision）系统来显示几百万种

颜色。因为我们只有三种受体来感受颜色，所以彩色电视只需要为每个接收体提供一个信号。比如紫光能同时给予红光和蓝光受体同等的刺激。当大脑接收到这些信号时，它会将原始信号记录为紫色。

为了使电视机放映彩色图片，发明家们将黑白电视已有的光源投影系统一式三份，并给每个子系统一个不同的颜色：红色、绿色或者蓝色。通过复制黑白电视的某些部分，并给每个拷贝加入一个小小的"突变"，彩色电视就诞生了（见图8.1，左）。

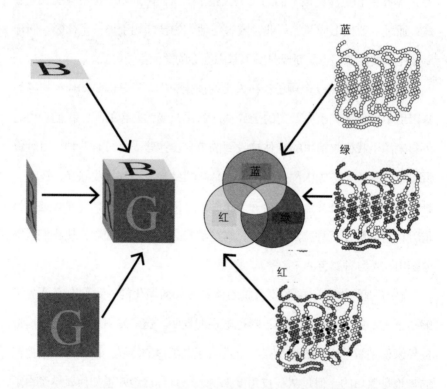

图8.1：图的左边是彩色电视显示图像的原理。每个像素显示三种不同颜色的点，分别是蓝色、红色和绿色。人类大脑将它们组合在一起形成彩色图像。右边是视蛋白光受体，这些光受体组合在一起能捕捉到多种颜色。灰色圆圈代表的是在蓝光视蛋白和绿光视蛋白中不同的氨基酸；黑色圆圈代表的是在红光视蛋白和绿光视蛋白中不同的氨基酸。

基因社会以同样的方式发明了色觉。单色视觉（即黑色和白色）只有一种光受体，演化早期的很多动物都有这种受体。这种受体被不断地复制和修改，使我们的基因社会拥有了三种颜色偏好不同的光受体。

我们之所以确定色觉是这样出现的，是因为当我们比较这三种受体蛋白质，或称视蛋白（opsin）的编码基因时，我们发现它们的序列非常相似。这么高度相似的序列不可能是偶然出现的，所以几乎可以确定这三种受体源自同一"祖先受体"（见图 8.1，右）。

基因重复（gene duplication），亦称基因倍增，是一种特殊的基因突变。这种突变可以通过 DNA 复制错误发生：当聚合酶 DNA 复制机器滑到其模板上，并重读已经复制过的部分，便会导致基因重复。另一类导致基因重复的常见事件则发生在减数分裂的重组过程中。

减数分裂是有性生殖的重要序曲。有性生殖能混合个人从亲代那里遗传而来的两个配对染色体（参见第三章）。当一条染色体的一个区域偶然与配对染色体中错误的区域排列到了一起时，这两个区域间的一切都会从一个染色体拷贝中删除，而同样的部分则会在另一个染色体拷贝中倍增。

在视蛋白的早期历史时期，我们远古的动物祖先只有一个视蛋白基因，这一个基因连续复制倍增了四次，因此整个基因组里一共有五个视蛋白基因。这五个视蛋白中，有一个是视杆蛋白（rod opsin），它无法辨别颜色，但是对低亮度光线非常敏感。这就是为什么晚上所有的猫看上去都是灰色的——只有敏感的视杆蛋白能看到它们。如果我们只有这种视杆蛋白，那黑白电视对我们来说就足够了。其他的视蛋白都是视锥蛋白（cone opsin），是它们让我们的祖先能够辨别颜色。每当视蛋白基因出现一个新的拷贝并且由突变对其进行了修改，我们祖先的色觉就变得更加丰富。

在恐龙时代最早出现的哺乳动物是夜行动物，所以它们对依靠高亮度光线的色觉需求不大。于是祖先中演化出来的四种视锥蛋白，它们丢失了两种。因此，大多数哺乳动物看到的世界其色彩远比你看到的世界单调得多，除非你是色盲。如果真是色盲的话，你的基因组和大多数哺乳动物一样，只有两种正常的视锥蛋白，你看颜色的方式和它们也是一样的。

后来的猿类和猴子发现色觉非常有用——他们不是夜行动物，因此看到不同的颜色可以帮助他们白天觅食。它们偶然又复制得到了一个视锥蛋白的拷贝。经过自然选择，这个基因在基因社会里越来越多，于是它们有了区分三种基本色的能力，拥有了三色视觉。由于色觉变丰富了，它们找水果的能力也提高了。此外，人类和其他拥有三色视觉的猿类其面部毛发变少了，这或许并不是巧合，因为这样他们就能观察到对手或者伙伴细微的皮肤颜色变化。

基因的倍增，即将一个基因的第二份拷贝插入到基因组中的另一个位置上，它解答了创造新特征涉及的概念性问题：假如基因突变改变了一个基因里面的一个或者多个字母，且突变版正好获得了有用的新功能，而在突变之前，这个基因很可能在基因社会中相当有用，那么，它原先的功能怎么履行呢？

如果该基因在突变之前便被复制形成基因重复，那么它就可以有一个能保留原先功能的拷贝。生物学家大野乾（Susumu Ohno）在 1970 年首次承认了这种观点的重要性，用他的话说就是"自然选择所做的不过是修改，冗余①才是真正的创造"。大野乾认为基因社会的绝大多数创新都来自于已

————————

　　①　冗余：此处指生物体中器官、基因等出现重复的现象，前文中提到的基因重复便是冗余现象的一个例子。

有基因的倍增。自然选择会确保有一个拷贝保留了原先的功能，而其他基因就可以履行新功能，这些新功能可能被自然选择留下，从而其重要性得到进一步提高。

如果视蛋白基因的两个重复拷贝继续履行与原先一模一样的功能，那么它们是留不下来的，因为即使有一个偶然的基因突变清除了它们中的一个，该突变也不会受到自然选择的惩罚。但是相反，如果它们两个专攻两个不同的波长，它们一起工作的效果胜过一个非特化视蛋白工作的效果，那么这两个拷贝很可能存活下来并在基因社会里有自己的立足之地。

与此相类，假设一下一个生活在以色列的一个女销售员，她生活在一个日渐扩张的基布兹社区中，有两个女儿。其中一个女儿可能会追随她母亲的步伐，与基布兹现有的顾客和潜在的新顾客交流；而另一个女儿则可以自由地去探索新的机会，她可能最后会成立一个网站，为基布兹的商业增加一条新的网络销售渠道。

其实一个新复制的重复基因与其模板是一样的，因此它们的功能也是高度相似的。但是基因的重复拷贝也可以发展出和模板完全不同的特性。就拿视觉来说，它不仅是一个光感受器（photoreceptor）的问题。眼睛需要一个晶状体将光聚焦到受体上，就像相机需要一个镜头将光束聚焦到光敏传感器上一样。

在动物体内，晶状体是由一种名为晶体蛋白（crystallin）的透明蛋白质的浓溶液形成的。晶体蛋白的主要任务就是以透明的方式将晶状体的空白填满，同时增加晶状体的折光率。根据 DNA 序列，可以辨认出很多晶体蛋白基因其实是参与新陈代谢的基因的复制品，人类最初的晶体蛋白拷贝专门负责分解酒精。

　　动物通常不费这个劲去复制这种生产晶体蛋白的基因。鸭子的晶状体中，有一种蛋白质占晶体蛋白的十分之一，这种蛋白质还充当酶的角色，分解剧烈运动过程中肌肉产生的乳酸。

　　酶分饰两角的情况并不罕见，很多酶同时履行好几种职能，这些职能可能彼此相似，也可能极为不同。这种多功能实际上为新的基因功能提供了一种不错的渐进式演化模式：如果有一个工作需要完成，那么附近任何一个稍微有一点相关能力的基因都可以为之所用。随后，自然选择会安排新的随机突变（或者等位基因中已有的变异）去优化基因的表达和字母序列以完成新增的任务。

　　然而通常情况下，这两种功能不会都尽善尽美，就像没有一个工匠能同时精于造船和制作乐器一样。当编码这些多功能蛋白质的基因有了复制出更多拷贝的机会时，演化可能会抓住这个机会将一个工作分成两个，并创造两个基因行使特化的功能。

　　那我们的味觉是否依靠一套类似于色觉的系统呢？我们能察觉几百万种不同的气味，每一种都是飘浮在空气里的分子的特殊组合。要想看到几百万种颜色，我们只需要三个光探测器以相互组合并查明光信号在连续光谱中的位置。

　　但分子却不是连续的，似乎并没有一种高效的方式，能用几个受体就将它们区分开来。即便如此，几百个气味探测器就足够区分几百万种气味了。每种有特定气味的东西都能够激活你鼻子里受体的一种特定组合。你大脑里有一个专门的部位会处理加工这几百种信号，将被某气味触发的特定受体组合与该气味联系起来。

　　原则上来讲，通过创造不同受体部位的新组合是可以生产大量受体的，这就类似免疫系统采用的混合策略，用少数几个已有的基因生产几百万种探测器来对付入侵者的蛋白质（参见第二章）。然而在气味问题上，演化走了简单路线：用不同的基因将几百个气味受体分别编码。

在早期的类鱼动物中，第一个出现的气味受体能够识别一类分子。通过基因突变，这个基因在某一个体的基因组中出现了重复拷贝，如今这个基因已经有两个不同的拷贝了。其中一个拷贝或许经历过随机突变，因而其能辨别的气味分子种类发生了轻微的变化。那些遗传到了该重复拷贝的个体也许能更好地区分健康食物和危险食物，因此，自然选择更偏爱这种由基因重复而产生的气味探测器基因拷贝。

这一过程不断重复，重复拷贝不断复制，直到永远，最早那个受体的后裔们能探测的气味分子囊括了所有的气味——如今这些受体在我们基因组里安居乐业。这就像是一个基布兹，最初人数并不多，这些人需要完成工厂里的全部工作。随着该基布兹创立者们家中人数不断增加，该基布兹发展成了一个完整的社会，拥有专业人员组成的复杂系统，且后人继续对这个系统进行细分。

如果在你的基因组中做个调查，你会发现你 5% 的基因都是气味受体的重复基因。就劳动力而言，探测气味是基因社会最庞杂的工作，而气味受体是人体基因组里最大的基因家族。然而，这近 1000 个气味受体基因中，有 2/3 实际上是坏掉的。这些死掉的基因（被称为假基因，pseudogene）包含一些基因突变，使这些基因无法履行任何有用的职能。

为什么你的基因组要携带一大堆死掉的气味受体基因呢？它们最初为什么会死掉呢？正常情况下，当一个基因突变削弱原始基因正常工作的能力时，这个突变在演化过程中也不会得到好果子吃。由于突变的等位基因使其携带者处于不利地位，因此该等位基因会从基因社会中消失。这个过程叫作"负选择"（negative selection），是本书讨论的正选择（positive selection，或称达尔文选择，Darwinian selection）的对立面。在正选择中，如果某突变使其携带者的适合度得到提高，则该突变的数量会不断增加。

随着我们灵长类祖先的三元视觉的兴起，有可能后来人类对视觉的依赖大过了对嗅觉的依赖。因此，气味探测系统便不那么重要了。如果是这样的话，一个气味受体的突变不会严重到让一个人处于极度劣势并影响生存的地步。该个体的子孙中有一半会遗传它死去的气味受体并且不会有任何显著后果。随着时间的推移，很多失去功能的基因就这样死去，还有很多在走向死亡。就某个气味受体基因而言，有的人可能携带着有正常功能的等位基因，而有的人携带的等位基因已经死亡。最终，究竟哪个版本会留在基因社会里可能只是一个概率问题。

狗只有两种不同的颜色受体（视锥蛋白），因此其感知颜色的方式和色盲的人一样。不过，它们颜色感受力的不足被探测和区分气味的优越能力充分弥补了。的确，在狗的基因社会里，它们拥有的气味探测器和人类一样多，但是它们几乎所有的气味探测器基因都是活蹦乱跳正常工作的。

全部家族成员

在任何一个复杂的基因社会里，基因重复都是很常见的。尽管我们自己的基因组中也有基因只有一个拷贝，但是基因重复仍然在我们所有基因中占据大头。几轮复制以后形成的基因重复会组成基因家族，各个基因家族大小不一。我们已经知道，最大的家族就是气味受体，大约有 1000 个基因，而视蛋白基因家族却相当小。

那么基因家族究竟是什么呢？你自己的核心家庭是一个大家族的一部分，这个大家族包括你的祖父母，更大的甚至包括隔了好几代的远房表亲。你也可以将气味受体视为一个大家族的一部分，这个家族里还有着气味受体基因的表亲——细胞之间通讯所需的基因。气味受体以及它们的细胞通讯基因表亲都来自同一个"祖辈"基因的重复（见图8.2）。

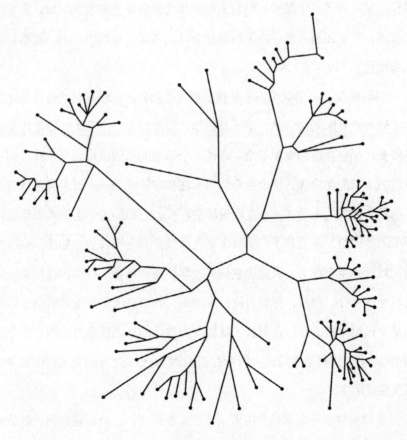

图 8.2：图为一个基因家族树。圆点代表基因，线条代表基因之间的关系。尽管所有的基因都属于一个家族，但是很难确定这个示意图显示了多少个彼此独立的核心家庭，是一个？四个？还是十一个？

较为古老的基因重复中的突变已经超出当今人类认识的水平，就像在大多数人类家族中其远亲只能追溯到几代人以前。按照这种逻辑，几乎你所有的基因应该都来自同一个大家族，即便是那些我们以为只以单个拷贝存在的基因也是如此。它们的祖籍可能要追溯到只有几个基因的时候。通过一长串的复制和修改，那几个基因最终成了人类丰富的基因社会。

基因重复的规模是没有限制的。一个重复可能只包含几个字母，其结果仅仅是延长了一个基因；但它也可能包含染色体上的整段区域，影响很多基因；甚至还有可能，由于细胞分裂时的错误，细胞中多出一整条染色体的重复。

基因重复的一个极端例子是整个基因组的倍增。细胞机器得以优化是为了处理两套配对染色体，而不是四套。因此如果一个动物胚胎遗传了这种巨变，那它存活的概率很小。即使一个倍增的基因组可以产生并控制一个能活下来的生命体，这个生命体也无法和它的配偶——每个染色体有正常的两个拷贝的生命体——生出健康的后代。它们的孩子会继承每个亲代一半的基因组，那么孩子们的每条染色体就会有三个拷贝。如此一来这些后代就没有生育能力，因为当它们产生卵子或者精子的时候，这些染色体拷贝无法平分。但是，尽管有这一大阻碍，整个基因组却成功倍增过一次，而且该倍增保持的时间还很长。我们人类自己的基因社会便是源自整个基因组的倍增，这种倍增是在大约4亿年前我们的祖先还是鱼类的时候发生的，且发生了两次。

基因组倍增在基因社会中留下了巨大的痕迹，一个很好的例子就是基因社会最高管理者——同源异形基因家族。我们在第七章已经讨论过，同源异形基因通过控制发育中胚胎里其他基因何时何地打开，来建立起动物的形体构型。线虫和果蝇只有一个同源异形基因簇，在它们的一条染色体上（果蝇的同源异形基因簇被分成了两部分），但是人类基因组中有四个同源异形基因簇，位于四条不同的染色体上，这是整个基因组连续两轮倍增的结果。

随着身体结构的专业管理者越来越多，相应的基因社会能塑造出更为复杂的身体。脊椎动物的形体构型越来越复杂，其根源可能正在于那位于四条染色体上的四个同源异形基因簇——这种排布相当不同寻常。就拿大拇指来说，其他所有的手指中都表达有来自于同一个同源异形基因簇里的三个基因，但是这三个基因在大拇指中却不活跃，这也就是大拇指与其他手指形状不一样的原因。

基因组倍增并不限于人类社会，在植物、真菌类和鱼类中也发生过。基因组倍增是基因社会偶尔的大步跳跃，这种跳跃与达尔文渐进式演化的观点相冲突。基因社会中的大多数变化都是渐进式的，但是基因组倍增的次数虽少，其影响却深远。

基因组倍增对基因社会而言意味着什么呢？如果我们把全部基因视为一个社会，那么每个基因就都是多个等位基因所争夺的一个产业。倍增一个基因就好像倍增了一个产业，而倍增整个基因组就是倍增了所有的产业。在这样一个经过倍增的基因社会里，很多新增的基因是多余的，就相当于有两个产业致力于烘焙、汽车维修等，而实际上每行一个就够了。很多因倍增而重复的产业在基因组中存活的时间不长，因为自然选择使随机突变悄然地终结了多余基因的功能。

一个重复基因能长时间存活的唯一机会就是拥有专业能力，即特化。就好像一个综合面包店将业务分成三部分，一个专做面包，一个专做贝果面包圈①，第三个专做甜甜圈。重复基因的时间是有限的，这就像是一种试用期，在这段时间里，重复基因要承担起新角色，然后才会受自然选择的保护以免遭基因突变对其的削弱。

血红蛋白（hemoglobin）是人体红细胞内的一种蛋白质，负责将氧气运送到细胞的熔炉中。它能很好地说明重复基因如何通过特化而成为基因社会有用的成员。你的血红蛋白由一个 α 球蛋白（alpha globin）和一个 β 球蛋白（beta globin）组成，由基因组里两个不同的基因编码。这两个基因却又非常相似，很明显源自同一个祖先。这个祖先是一个古老的非特化球蛋白基因，它曾经一定独立完成过血红蛋白的功能。

实际上，你的基因组里还有着更多球蛋白基因的重复，它们的特性略有差别，分别特化以在特定情况下发挥功能。其中有一个是 γ 血红蛋白（gamma hemoglobin），它如今在你体内已经完全派不上用场了，只有当你还是一个胎儿时它才有用——如果从你父亲的那一半基因组被运送到卵细胞中，与你母亲的那一半基因组结合那会算起，差不多再过六周之后，γ 血红蛋白开始发挥作用。但是从你出生开始，你的血红蛋白就主要只包含两个 α 和两个 β 球蛋白了。不同种类的血红蛋白结合氧气的能力是不一样的，胎儿血红蛋白与氧气结合的能力比成人血红蛋白要强得多，因此能更有效地通过胎盘吸母亲血液里的氧气（见图 8.3）。

---

① 贝果面包圈：一种圆形的面包圈，由发酵过的面团捏成圆环，经沸水煮过再经烘烤而成，吃起来面质紧实有嚼劲。贝果面包圈由东欧的犹太人发明，后成为美国常见食物之一。

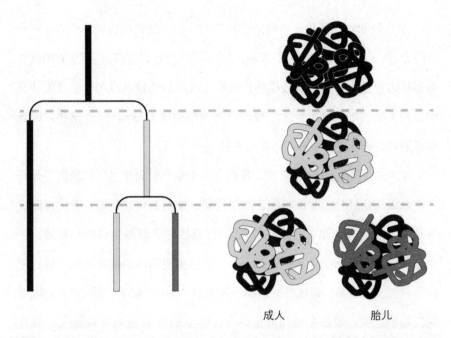

图 8.3: 大多数成年人的血红蛋白是由两个 α 球蛋白(黑色)和两个 β 球蛋白(浅灰色)组成的。在胎儿血红蛋白里， β 球蛋白被 γ 球蛋白 (深灰色) 取代。左边的家族树说明了这三种血红蛋白之间的关系：一个祖先球蛋白基因(上)经过倍增，产生两个特化的 α 和 β 球蛋白(中间)。然后 β 球蛋白再次倍增，产生一个新的球蛋白：γ 球蛋白。γ 球蛋白特化以适于子宫内的环境。

基因社会的乐高玩具套装

如果说父母和子女在某件事上会观点一致的话，那恐怕就是丹麦的乐高积木套装是目前为止最棒的游戏了。如今，为了吸引客户不断购买它们的产品，乐高公司推出了为顾客量身定做的积木，可以搭出某种特定的东西，比如一辆牵引车或者一颗死星[①]。

———————————

① 死星：系列电影《星球大战》中的 DS-1 轨道战斗太空站。

　　乐高最初的想法是比较简单比较理想化的。他们相信凭着乐高矩形积木的设计，只要有足够多的积木块，人们可以建造出任何他们能想到的物体。很多基因也是由类似的高效模块化的积木式系统构建而成的。在基因社会中有着不断倍增的简单积木，我们称之为结构域（domain），这些基因就是通过对结构域进行组合而组建出来的。

　　就拿基因组的管理者来说。我们在第七章已经讨论过，转录因子是与其他基因起始处分子开关相结合的蛋白质，能控制何时何地打开或关闭这些开关。人类语言和鸟鸣涉及的 *FOXP2* 基因包含两种这样的结构域。一个是翼螺旋区（winged helix region），是根据它编码的蝴蝶形状的蛋白部分命名的。这个域的形状刚好能跨在基因组的 DNA 链上，使 DNA 链卡在两扇翅膀之间。第二个结构域是一个拉链结构域（zipper domain），其作用是与其他 FOXP2 蛋白质的拉链结构域相结合（见图 8.4）。

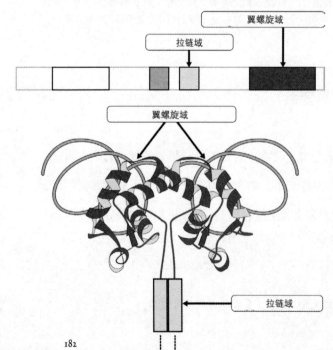

图 8.4：图为 FOXP2 基因及其拉链结构域和翼螺旋结构域。最上面的图片是基因序列的示意图，图中的块状阴影代表不同的结构域。下部的图片显示两个 FOXP2 蛋白质被通过它们的拉链结构域组合在一起。图中跨在染色体对应部分（与 FOXP2 结合的调控元件）之上的深灰和浅灰色螺旋即为翼螺旋结构域。

我们现在已经在基因组中发现了几千个乐高积木式的结构域。每个结构域通常只执行一个特定功能。人体内 80% 的基因都包含至少两个不同的结构域，这些结构域的组合使它们得以组成特定的复杂分子机器。这些结构域的新组合可以创造出近乎无穷无尽的新基因。这类似于人体免疫系统通过对基因组中的可变多样连接（VDJ）区域进行重组而创造大量抗体的策略（参见第二章）。但有一样重要的不同之处：结构域的重排并不是由特化的分子机器完成的常规事件，而是罕见的基因组事故。假设有两个蛋白质，它们有一个结构域类型相同，但除此之外，这两个蛋白质其他的结构均不相同。那么，这两个蛋白质中至少有一个极可能来源于结构域的混编——即从前多个基因的不同部分被意外混合了。因此，新基因通常来源于其他基因的重复，或者来源于已有基因的某些部分倍增后的重新混合。

进出口业务

早期人类既是猎人又是猎物，他们如果会飞的话会获得很大的优势。那么为什么人类祖先的基因社会没有从鸟类那里复制飞行相关的基因呢？

首先，在人类基因组中新增一个甚至几个鸟类基因并不可能创造一个会飞的类人动物。其次，只有当鸟类基因拷贝融入精细胞或者卵细胞（生殖细胞系）时，它们才会在人类中遗传下去，但是有一道强大的屏障阻碍着外来 DNA 进入生殖细胞系。即便一段外来基因序列终于进到了生殖细胞里，它也会被挡在储存染色体的细胞区室[①]外。这样大量的障碍很可能是

---

① 细胞区室（cellular compartment）：指细胞内由生物膜分隔出来的不同空间。

取舍后的结果。从其他生物身上获取有用的东西整合进自己的基因组，这听起来或许不错，但其实在那些甘愿为整合进你基因组而排队等候的序列中，大多数都对你并无好处。

　　这些限制适用于所有复杂的动物和植物，但是对细菌而言就另当别论了，即使是卑微的大肠杆菌也在这些限制之外。细菌获取外来DNA的方法有好几种：它们可以将之当作食物吞下，或者有时感染它们的病毒也会带来外来DNA。

　　细菌没有独立的生殖细胞系，也没有特化的精细胞或卵细胞：它们只是不断分裂的单细胞。它们的基因组就在细胞之内，极易接近。还有一个重要原因是与多细胞生物相比，细菌没什么可失去的。

　　如果一个细菌细胞尝试某些危险行动，比如说将一段完全陌生的DNA整合进基因组，它可能会死掉。但是细菌这种生物每个只有一个细胞，且它与它存活的姊妹细胞的基因是一模一样的。哪怕新整合进基因组的DNA仅仅是微有小害，其携带者就会被无数的同类所排挤。细菌种群那么大，仅仅失去一个细菌简直是小菜一碟。但是，在极个别情况下，整合进基因组的DNA会带来意想不到的优势。在这种情况下，这个幸运的携带者的后代就会占领整个细菌种群。

　　将外来DNA融入自身基因社会的能力使细菌获得了巨大的演化灵活性。如果一个细菌进入一个新环境，它可能会遇到其他已经适应那个环境的细菌。细菌"新人"可以从细菌"老人"那里获取DNA，从而缩短自身适应新环境所需的时间。这一过程和我们的祖先当初的行为相当类似，那时候他们已经离开非洲，在恶劣的环境中获得了尼安德特人的免疫基因。但是这种基因转移涉及性行为，所以只能在同一物种内发生。

有一点很重要，就是细菌从其他细菌那里偷来的是 DNA 而不是蛋白质。通过截取 DNA，细菌就参与到了某种剽窃中。那么，当一个细菌演化出了新特性，比如说有了抗生素耐药性，并将这种能力传递给周围其他细菌，谁会受益呢？当然是创新的细菌以及携带剽窃拷贝的细菌了：它们生存的概率提高了。

但是真正的受益者是导致这种抗生素耐药性的基因。因为这一基因不受其最初所在基因组的限制，且不同的细菌定期交换 DNA，所以这个导致新的特定抗生素耐药性的基因能不断传递，直到最后许多不同物种的细菌都有了在抗生素威胁下生存的能力。如此一来，这个耐药性基因就可以在好几个不同的基因社会都占有一席之地。

细菌通过复制耐药性基因来获得耐药能力的现象在许多文献资料中都有记录。如今我们的细菌敌人中，许多已非青霉素和一些其他抗生素所能阻止的了。一旦某一种细菌找到从药物作用下逃生的方法，很多其他种类的细菌就会复制这种诀窍。抗生素的发明是人类自我防御的重要一步，同时又只是动物和细菌之间漫长复杂的关系中的一个小片段。人类拥有科学；而致病菌能够获取彼此的基因，它们拥有团结的力量。

我们的肠道对于细菌而言是一个交换抗生素耐药性基因的理想之地。在人类肠道里安居乐业的微生物有几百种，数量高达约 100 万亿。这些微生物形成了一个群落（community）①，其中物种之丰富令人叹为观止。这些微生物通常会形成生物膜（biofilm），即由不同细菌的细胞紧密相连而形成的膜状物。细胞之间的密切联系大大增加了 DNA 转移的机会。发达

————————

① 群落（community）：指在一定区域内生存在一起并适应一定环境条件的所有生物种群的总和。

国家居民中大约有 90% 都在其肠道中携带有耐药性细菌。因此我们肠道里面的居民就像一个储藏耐药性基因的仓库，它们将耐药性基因传递给其他细菌，哪怕那些细菌只是路过。

当然，在细菌之间不断转移的基因有很多，抗生素耐药性基因不过是其中一种。细菌基因社会所转移的通常是那些参与细菌与环境间互动的基因。这些基因往往为加工养分的转运体（transportor）① 或酶编码。这是发生演化的关键点：一旦环境里存在之前不知道的食物来源，细菌首先需要一个转运体将食物运到自己细胞内部，然后需要一个酶来消化食物。

如果附近其他细菌的基因已经演化出了相关的转运体和酶，那么剽窃这些转运体和酶显然是一个好办法。如果你检查你肠道里大肠杆菌的基因组，你会发现，其中有 1/3 的转运体是在过去的一亿年中从其他细菌那里复制而来的。

基因的剽窃称为水平基因转移（horizontal gene transfer），可以将它看作是一个比基因社会内部的基因倍增还要高效的复制系统。如果有两种有亲缘关系但是需要适应不同环境的细菌里，它们都有着同一个基因，那么该基因在这两种细菌里的拷贝也许会朝不同的方向演化。如果后来由于水平基因转移，这两个拷贝又回到了同一个基因组里，那么这一结果就类似于一次基因倍增，只不过倍增导致的重复拷贝之间存在着差异。对于一个基因的水平转移可以视为是整个细菌生态系统的大规模基因倍增。

人类基因只能和人类基因社会中的其他基因相混合，但是细菌基因社会原则上可以从所有细菌共享的一个通用基因库中吸收新基因。即使是这样，

---

① 转运体（transportor）：介导分子或离子跨过生物膜的物质，通常是蛋白质。

细菌也不太可能遇到生活环境完全不同的同类。能让它们获益的基因多半来自于它们自己生活的环境，或者来自于与它们比较相近的物种。

这种基因剽窃就像一个生活在以色列莫沙夫，并持续扩张的大家庭。大家庭里的孩子离开家分散到各地，把自己的技能献给其他莫沙夫。从接受他们的莫沙夫社区的角度来看，这种转移显然是有益的，能让这些莫沙夫走上一条全新的发展道路。

在基因社会里，复制和剽窃是整合新基因的主要机制。大部分变化都是渐进式的，但是偶尔也会有不可思议的效果。当整个基因组倍增后，新功能大道也就敞开了。在第九章我们会看见，对整个基因组的剽窃尽管罕见，却是可能的，而且这种剽窃带来的结果甚至有着更加重大的效应。

THE
SOCIETY OF GENES

第九章

阴影下那不为人知的生命

团结就是力量。——伊索

想一想你所擅长的某件事情并问问自己为什么擅长这件事。你也许认为你知道答案，但你可能错了。这事儿就发生在吉姆·博德曼（Jim Bodman）身上了。吉姆·博德曼是位于芝加哥的维也纳香肠公司的董事长，他在广播节目《美国生活》（*This American Life*）中讲述了下面这个故事。

吉姆以为他知道如何做出好香肠，毕竟他们当时非常成功。他有详尽的食谱，里面详细记录了所需的香料、烤箱、水和温度。1970年，吉姆把公司搬到了芝加哥北部的一个新工厂，那里配有顶尖的设备。但是，在新工厂里做出的香肠味道和原来就是不一样，甚至颜色也不一样。吉姆对此毫无头绪。他们花了一年的时间检查所有能想到的可能因素，但是一无所获。

原来的旧工厂里有一个员工名叫欧文，所有人都很喜欢他，但是他没有随着公司搬到新厂址。欧文原先负责将生的热狗从冰箱里拿出来，送到熏制房。旧工厂的建设缺乏规划，并不是为了制香肠而修建的。所以欧文每天都要拿着热狗在迷宫一样的走廊里走上30分钟，正好经过烹煮腌牛肉的地方，然后到达熏制房。这趟路程无意中使热狗在到达熏制房之前就解冻了。而在新工厂，从冰箱里拿出热狗到送进熏制房只需要几秒钟。

原来欧文每天走的那段路就是秘密配方！当吉姆和他的团队意识到这个问题后，他们新增了一间房来模拟欧文的路线，于是热狗原来的味道又回来了。在旧工厂的那些年，这个秘密配方一直不为人知。

在本书中，我们已经讲述了你的基因组是如何控制你的身体和生活的——从疾病到性。但是就像吉姆·博德曼的香肠工厂一样，你的细胞里也有一个秘密配方，这一配方是无法通过观察你的46条染色体来解释的。我们的故事始于以下观察结果：细胞有两种完全不同的基本生活方式，要么作为一个大集体的一部分，要么独立生存。我们肠道里的细菌都是以单细胞的形式生存的：它们是群落的一部分，会和邻居合作或者产生矛盾，但是它们彼此的命运之间并没有不可分割的联系。然而人体细胞却相反，它们是一个大集体的一部分，在这个大集体里它们完全依赖于彼此：只有把你所有的细胞都加在一起，你才能成为一个独立的个体。

动物是上万亿个合作细胞组成的整体，每个细胞都参与机体的劳动分工。这种合作的组织方式千差万别：有海绵动物，有水母，有蜗牛，有蠕虫，有苍蝇，有海星，还有青蛙等。植物、真菌、很多藻类还有黏菌类也是由细胞集体构成的。尽管细菌种类数不胜数，但是没有一种细菌能通过不同个体的通力合作来建造出像动物或者植物那么复杂庞大的东西。为什么做不到呢？是什么阻碍了它们呢？

一个原因就是大小问题。多细胞生物之所以更大，不只是因为它们包含更多细胞，还因为它们的每个细胞都比细菌大，而且不只是大一点点。就体积而言，你的细胞大约比大肠杆菌大 1000 倍。你的细胞之所以要大这么多，是因为每个细胞都要包含全部的指示，来构建和控制你这个复杂生物体所需的特定结构（见图 9.1）。每个细胞中组装的基因组也会更大——你的基因组也比细菌基因组要大出约 1000 倍。许多细胞有着特定的功能，而更大的细胞体积对于这些功能来说是必需的：比如说你的大脑，它的工作原理是建立在特殊形状和尺寸的细胞之上的，而这些细胞的尺寸远远超出了细菌细胞大小所能达到的极限。这一原理同样适用于你的肌肉、血液和免疫系统中的细胞：它们的大小直接关系到它们的功能。

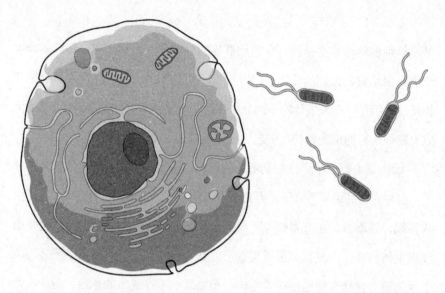

图 9.1：动物细胞（左）远大于细菌细胞（右），其所需的能量也成比例增长。

其实细菌无法生产出足够多的能量来运转更大的细胞。那我们为什么能做到呢？我们复杂的细胞里隐藏着一个秘密，它能解释的不只是细胞大小。我们告诉过你你的基因组有 46 条染色体，其实并非全然如此。我们将演化描述为一个仅仅由基因组中的突变推动的过程，其实也并非全然如此。真相其实更吸引人。这些谜团的最终答案还在于一场古老的业务合并。

王国的诞生

要想弄清楚是什么使我们演化出了高度的复杂性，我们得在演化史上追本溯源。承袭达尔文的思想，我们在前文中暗示过，所有的生命，从人类到细菌，都是同一棵巨大的家族树的一分子。达尔文巨作《物种起源》中唯一的插画便是一棵代表演化的树，这也许正表明了他多想传播这种观点（见图9.2）。

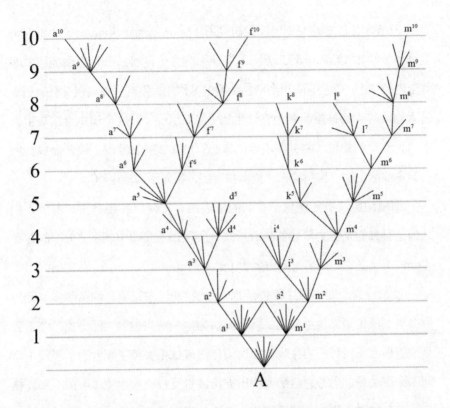

图 9.2：这棵系统发育树是达尔文《物种起源》中唯一一幅插画的一部分。"A"代表某个祖先物种，每条水平线表示经过了 10000 代。每一代中这个物种都能产生出新的变种，但大多数都无法存活。最上面的是至今依然活着的变种，最终会形成独立的物种。

他在书中写道："芽枝在生长后再发新芽，生命力旺盛的新芽会不断开枝散叶，笼罩在许多较弱的枝丫之上。我相信，伟大的生命之树也是如此代代相传。它用衰死脱落的枯枝填充了地壳，用不断生长的美丽枝条覆盖了大地。"

自 1859 年达尔文的《物种起源》出版以来，科学家们就想象着如何用一棵树来描述地球上的生命的历史故事。整个 19 世纪和 20 世纪，生命之树经历过多种版本，树上深深浅浅的各处分支都依然在不断更新。

1925 年，巴黎路易斯巴斯德研究所（Louis Pasteur Institute）的研究员爱德华·沙东（Édouard Chatton）发现细胞分为两种：一种有细胞核，即细胞内特殊的一个空间，用来储存细胞的基因组；还有一种细胞没有细胞核。前者构成的生物体被命名为真核生物（eukaryote），这个词由希腊语中表示"真实"的单词（eu）和表示"核心"的单词（karyote）组合而成。所有的多细胞生物，包括动物、植物和真菌，都属于真核生物。

细菌细胞没有细胞核，它们的基因组直接悬浮在细胞里。由于人们认为这种细胞是更为原始的生命形式，所以用希腊语中表示"前"的前缀（pro-），把它们命名为原核生物（prokaryote）。

沙东认为，细胞核这种储存 DNA 的特殊区室证明，细菌和多细胞生物在早期演化中发生过分化，但他无法为这一观点提供实际证据。会不会是细胞核在不同种系的生物中多次演化出来或丢失掉了呢？为了了解生命间的深层关系，当务之急是要找出支持或者反驳原核生物（细菌）和真核生物（多细胞生物）之间早期分化事件的证据。我们需要找到一种方式来证明真核生物与真核生物之间的亲缘关系比真核生物与原核生物之间的亲缘关系更加紧密，反之亦然。

但是要怎样才能建立一棵家谱树，将人类和细菌这样完全不同的生物都包括进去？在达尔文的《物种起源》出版后的头一百年中，演化树的建立基于的都是物种的可见特征。要想建立一棵鸟类的演化树，首先得查看鸟的身体长度、外形、鸟喙颜色。

关于如何解读身体特征变化的科学争论一直甚嚣尘上，从而引发如何判断物种之间真正亲缘关系的争论。如果没有客观的标准，我们无力化解这些争论。当我们有了识别 DNA 字母序列的能力后，我们便彻底地改变了这一挑战。

在第四章中，我们为一个人类家庭建了一棵基因组家谱树，从他们最近的祖先（如曾祖父母）开始，截至到当前的这一代。我们可以借用同样的方法建立一棵囊括所有生命，从细菌到人类的演化树。要比较如此多样的物种的基因组，其方式是观察每一个有着常见功能的基因，这些基因自生命诞生之初便已存在，至今仍然存在于很多基因社会里。在比较两种生物的基因组时，数一下这两种生物中某个特定普遍基因的拷贝数量，我们便能估算出从拥有该序列的共同祖先到现在大概过了多长时间。遗传变化在几百万甚至几十亿年里逐渐积累，这意味着两个物种的DNA越相似，它们的亲缘关系就越近。在使用DNA法估计演化时间时，化石可以提供进一步的证据。为了进一步核对物种间的亲缘关系，我们可以使用放射性定年法（radiometric dating）来估计化石的年龄。总的来讲，这些方法得出的结论相当一致。

通过这些比较DNA的方法，我们可以为某个存在于所有目标物种内的代表性基因重建一棵完整的演化树。比如，有一个普遍基因负责生产一种名为16S核糖体RNA（16S ribosomal RNA）的分子，该分子是将氨基酸连接在一起以生产蛋白质的分子机器——核糖体（ribosome）的关键部分。每种由细胞组成的生物，无论是人类、细菌还是植物，都有这个基因。我们可以使用这一个基因建立一棵完整的生命之树——靠比较生物外表的方法是无法取得这一不可思议的成就的。

20世纪70年代后期，卡尔·乌斯（Carl Woese）和乔治·福克斯（George Fox）用这种方法建立了第一棵全面的进化树。他们发现的结果震惊了世界：组成细胞生物的并不是沙东假设的两个类别，即真核生物（包括多细胞生物）

和原核生物(细菌),而是三个类别!一类是细菌,包括我们的朋友大肠杆菌,它显然是有别于真核生物的。但是让人吃惊的是,乌斯和福克斯发现真核生物这一支里还有一类细菌,这两种细菌是完全不同的生物,就像人类和细菌那样相距甚远。看上去和真核生物亲缘关系更加密切的那类细菌被命名为古细菌(archaebacteria),另一类细菌被重新命名为真细菌(eubacteria,意为"真正的细菌")。乌斯和福克斯仅仅通过比较 DNA 中的字母就发现了一片全新的生命领域。

古细菌是什么?在乌斯和福克斯发现它之前,这些细胞看起来和其他细菌并无根本性的区别。仔细观察它们的基因组就会发现,尽管古细菌的大小和真细菌差不多,但是它们有很多基因是完全不同的。其中一个明显的区别就是古细菌和真细菌建造细胞壁(cell wall)的方式。为了建造它们自己特定类型的细胞壁,每个古细菌和真细菌都有自己的一套基因。

古细菌生活在极端环境中。它们居住的都是世界上环境最恶劣的地方,比如说接近沸点的热泉里、碱性和酸性的水体中、奶牛的消化道里,以及海底,有些古细菌甚至以石油为食。

在乌斯和福克斯的生命之树上,真核生物分支从古细菌谱系那里开始分叉(见图 9.3)。一个新的谱系从古细菌谱系中冒了出来,逐渐发展出独有的特征,比如细胞核及其他细胞间室,以及一系列其他特点。

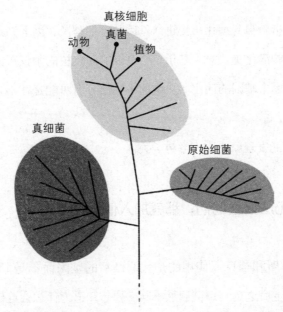

图 9.3：图为乌斯和福克斯依据对 16S RNA 基因的比较来构建的生命之树。其中最为久远大的分化就是真细菌方与古细菌及真核生物分道扬镳。

　　真的是这样的吗？乌斯和福克斯的分析是基于单个基因的，那如果他们从另一个分布很广的基因着手，比如说代谢酒精的基因，结果又会如何呢？与在 16S RNA 基因中的发现相反，代谢酒精的基因在我们人类中的版本和真细菌中该基因的联系比和古细菌中这一基因的联系更紧密。一棵基于分解酒精的基因的生命之树显示人类和其他真核生物源自真细菌，而不是古细菌。

　　哪一种生命之树是对的呢？有充分证据表明其实这两种都是对的。这样一来就更有意思了。两棵树都准确地描述了它所基于的基因的演化史，但是两棵树又都不是真核生物基因社会演化史的代表。

　　我们在第八章已经讨论过细菌之间的水平基因转移，我们发现单个基因有可能是带着自身演化历史进入基因社会的移民，因而并不一定代表整个基因社会的演化史。对于基于单个基因的演化树的争议可能只是反映出一个事实：单个基因的演化历史中的不同部分有可能是在不同的基因社会中度过的。

接下来的发现就更出人意料了。

如果无法战胜他们，那就加入他们

如果乌斯和福克斯使用的是代谢酒精的基因而不是 16S RNA 基因，那么画出的生命之树一定会迥然不同。要想知道为什么会这样，我们得退后一步观察。我们的细胞那么大，是有代价的。一个细胞内部是很拥挤的，里面充满了分子机器、相应附件、原材料和分子机器生产的产品。细胞越大，它包含的东西就越多。细胞需要能量维持自身的运行，不同大小的细胞对能量的需求与它们的容积成正比。

能量来自何处呢？细菌细胞被一道细胞壁包围，这道细胞壁是由长链糖分子和蛋白质交叉连接而成。这一外壁与细胞内部之间由一层细胞膜分开。为了产生细胞能量流——即一种名为 ATP 的储藏能量的分子——细菌会燃烧糖分或者捕捉阳光，借此从细胞内部将质子（氢原子的原子核）抽出来运送到细胞外壁和薄膜之间的空间中。带正电荷的质子在那里集聚，由于它们的电荷互相排斥，它们又被推回到细胞里。细胞膜和细胞壁之间的空间的作用就像小水池对磨坊的作用。回流的质子被细胞膜上的一种特殊蛋白质利用，这种蛋白质就像磨坊里的风车，将来自质子流的能量转移到ATP分子中。

由于真细菌和古细菌的细胞膜是它们拥有的唯一一层膜，所以一个细菌能产生的最大能量与其表面积成正比。这种能量运行一个细菌那么大的细胞是足够的，但是问题来了：表面积的增长速度没有容积的增长速度快。如果把一个细胞的直径增长为原来的2倍，那么该细胞的表面积会是原来的4倍，但是它的容积却是原来的8倍。

如果我们将一个细胞想象成一个立方体会更容易看明白：如果将边长扩大为原来的2倍，那么表面积会是原来的 2×2 倍，但是容积却是原来的 $2 \times 2 \times 2$ 倍。能量需求是随着体积变化的，而能量生产却受到细胞表面积的限制，因此能量生产的增长速度远远低于能量需求的增长速度。一旦细胞大小超过一定规模——这一规模远远小于你的细胞——真细菌和原始细菌便无法继续满足它们自身的能量需求。

那么我们的祖先是如何解决这个看似无法克服的问题的呢？组成大脑的细胞那么大，又是如何维持的呢？限制细菌大小的原则在你自己的细胞中同样适用：要提供它们所需的能量，需要比它们表面积更大的膜。这片隐藏在阴影中的面积就是多细胞生物里的欧文。

你和细菌之间一大关键的区别就是你的细胞不用它们的外膜来提供能量。你的细胞用的是细胞内部一种名为线粒体（mitochondria）的特殊结构的表面。线粒体是一种存在于所有真核生物细胞里的专门区室或"作坊"。每个真核细胞都有很多线粒体，它是我们的细胞发电厂。

你细胞里所有不同区室的建造和工作全都是由你46条染色体上的基因规定好的，但是线粒体除外。每个线粒体都有自己的小基因组。线粒体染色体和你其他染色体的结构不一样——线粒体染色体是圆形的，就像细菌中常见的染色体。

这种细胞里部分独立的结构是如何演化的呢？1970 年，生物学家林恩·马古利斯（Lynn Margulis）提出了一个大胆的理论。她提出，线粒体曾经是一种独立的真细菌。在某个时候，一个早期的真核细胞吞下了一个真细菌，但是它并没有将之消化，相反，真核细胞允许真细菌在其细胞里生存、分裂、繁衍。寄主真核细胞的后裔和真细菌的后裔从此过上了幸福的共生（symbiosis）生活。

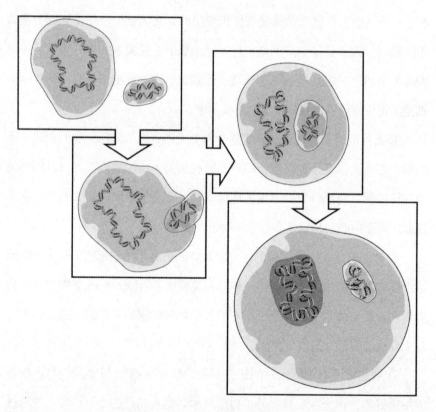

图 9.4：在林恩·马古利斯的理论中，一个早期的真核细胞吞下了一个真细菌。该真核细胞并没有消化真细菌，而是容许它像一个房客一样生存。真细菌在真核细胞里生存繁衍，演化成了线粒体。马丁和米勒后来提出，房东是一个原始古细菌，这种结合是真核生物的起源。

　　最初相信马古利斯的理论的人寥寥无几，但是随着人们检测读取的基因序列越来越多，支持这种观点的证据铺天盖地。最有力的证据就是线粒体基因组中的基因与一类特定的真细菌里的基因更为相似。在生命之树中，线粒体基因和其他真核生物基因并不在一起，而是和一类特定真细菌的基因在一起。

　　大约 20 年后，比尔·马丁（Bill Martin）和米克洛什·米勒（Miklós Müller）提出了对于马古利斯理论的新解读。当时，大多数专家都假设获得了线粒体的细胞是一种早期的真核细胞，尽管如今并没有这种原始真核细胞存在的痕迹。马丁和米勒则提出这一始祖一定是一个古细菌。大约 20 亿年前，这个古细菌为细胞增大的能量问题找到一个机智的解决办法：它吞食了一个小真细菌，并将其变为能量源。

　　古细菌第一次吞食真细菌但不消化它一定是一个偶然情况，就像是大突变一样。尽管它们最后实质上是互利共生，但也许这种关系的最初阶段其实更像寄生物和宿主之间的关系。或许是小真细菌进入到古细菌内部后发现那里又舒服营养又丰富，它在那里既有吃的又能躲开残酷而危险的外部世界。又或许是这两种细菌之前有过某种形式的合作，现在只是增进一下已有关系而已。

　　对双方来说，不管最初的目的是什么，这两种细菌通过某种方式共存了下来，并学会了团队合作，共同繁荣。真细菌在古细菌里繁殖，为古细菌提供充足的能量。也许古细菌利用这能量，在其他真细菌和原始细菌无法生存的环境中定居了下来。

　　本书中将基因描绘成自然选择的对象，但其实是过度简单化了，以便帮助读者建立起系统性的认识。人类的语言和思维需要我们将一个多样程度和复杂程度都超出想象的世界转化为 100 多万字和一套有限的概念。关于自然选择，更精确的说法是，演化的对象得满足自然选择的三个要求：变异、可遗传性和对适合度的影响。线粒体起源之初，自然选择的对象是一个居住于古细菌里的完整的真细菌。

一旦一个细胞吞食了另一个细胞，它们就拥有两个完整的基因组。将古细菌想象成房东，真细菌想象成房客。房客开始慢慢地失去一些基因，一些它放弃自己的生命独立性之后便不再需要了的基因，和其他基因一样，这些基因有时会自然而然地发生基因突变。

但是如果一个基因对细胞的成功生存起一定的作用，那么使其衰弱的突变会因为负选择而使其携带者灭亡，已经失去功能的基因的衰亡是无法阻止的，这就像我们在第八章讨论的气味探测器基因的衰亡一样。房客曾经是一个完全独立的生物，但是最终它失去了在宿主外生存的能力。细胞里有很多房客的拷贝，当宿主分裂的时候，这些房客拷贝分散到子细胞之中。

但是宿主和房客之间的关系一直都是不对称的。在细胞里，如果房东死了，房客也必死无疑。但是如果有一个房客死了，其他房客会照常工作。已死房客会消亡，它的遗体会被细胞机器吃掉。

在某些罕见的情况下，已死房客破碎的基因组会有一部分不小心粘贴到了房东的基因组里，就像不同细菌之间的水平基因转移一样。在宿主和房客的基因组里都可以找到这段 DNA，但其实一个拷贝就完全足以支撑线粒体的运行。多余的那份存活不了多久：这两份拷贝中有一份注定是会发生偶然突变，并因此也走向自我毁灭的道路。

如果房东的拷贝中发生了基因衰亡的突变，那么房客基因偶然整合到房东基因组中的事就会像从没发生过一样。但是如果房客的拷贝发生了突变，那么曾经位于房客基因组里的一个编码基因就转移到了宿主的基因组里。如此一来，线粒体的基因组会随着时间缩小，不可挽回地将更多基因转移给寄主。

每个线粒体都有自己的基因组，但是由于基因转移的消耗，线粒体的基因组小得可怜。一个人类细胞的细胞核里有20000个基因，而每个线粒体只有37个基因。线粒体几乎可以看作是你细胞里的一个小细胞，因此这37个基因远不足以运行一个像线粒体这么复杂的机器，为了正常运转，每个线粒体需要和600多种蛋白质合作。这些蛋白质中的绝大部分其对应基因如今都已转移到细胞核里了，就在你46条染色体中的某一条上。这些基因生产的蛋白会从主细胞中运回到线粒体里。在某些我们的远亲真核生物中，整个线粒体基因组如今都已转移到了主基因组里。

为什么你的细胞有细胞核呢？这可能是线粒体房客的到来所导致的结果。细胞核的壁将宿主的基因组包围起来，防止死去房客的DNA不断流入，从而减少了线粒体DNA在中央基因组中的持续倍增。正如罗伯特·弗罗斯特（Robert Frost）写道：篱笆扎得牢，邻居处得好。

在成为合作伙伴之前，房东和房客这两个细胞也许曾是竞争者。合并在一起对双方而言都大有裨益。合并使得它们共同的后代发展成为今天地球上令人叹为观止的多细胞生命形式。但是你没有必要因为已经有合作伙伴就停止寻找新的搭档。如果你想要向你未涉足过的领域拓展业务来获利，同时有一个公司很擅长这方面，那么进行业务拓展的一个方式就是收购这个公司并将它整合到自己的公司里。所有植物和藻类的祖先正是这么做的。一个早期真核细胞吞食了一个蓝细菌（cyanobacterium），通过蓝细菌的能力，利用阳光中的能量将二氧化碳转化成糖类。直到今天，这份工作仍然由第二种房客——植物和藻类的叶绿体（chloroplast）完成。

原核生物万岁

一些生物学家认为，将真细菌和古细菌合并在一起组成为一个类别，统称为原核生物，是一种禁忌。他们认为，不仅因为这两个类别是八竿子打不着的远亲，而且将它们混合在一起就好像将你的兄弟和堂兄弟归为亲戚，却没你什么事儿，这不合常理。乌斯和福克斯的生命之树表明，古细菌与真核生物之间的亲缘关系（它们是"兄弟"）比古细菌与真细菌之间的亲缘关系更近，那么将古细菌与相距更远的真细菌（古细菌的"堂兄弟"）放一起是毫无道理的。

这种观点忽略了一个重要的方面：生命世界最大的分化将融合了的细胞（即真核生物，也包括你）从非融合的细胞（即原核生物）中分裂出来。换一种说法就是：原核生物是普通的生命形式，它恰好分为两支，即古细菌和真细菌，这两支后来奇迹般地融合了，这种融合即为真核生物（见图9.5）。

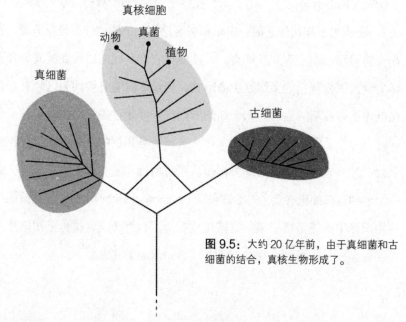

图9.5： 大约20亿年前，由于真细菌和古细菌的结合，真核生物形成了。

要想恰好发生这一切，并演化形成多姿多彩的生命形式，如动物、植物和真菌，你需要一点不同寻常之处。你需要一种特殊的合作，一种与古老对手之间的合作。原始细菌和真细菌之间这种亲密关系的发展对真核生物的演化起着决定性作用。这就是我们成功的秘诀。

对完善程度的提升需要合作，无论在细胞世界还是在政治世界都是如此。当亚伯拉罕·林肯（Abraham Lincoln）于1860年争取总统提名时，他有三个杰出的对手。他最终获胜了，因为他成了每个人的第二佳选择。当他组建内阁的时候，他选择起用他曾经的对手，组建了一个强有力的内阁，每个成员都是当时最有资格的人。

正如历史学家多丽丝·卡恩斯·古德温（Doris Kearns Goodwin）所说，"与对手的合作"或许正是林肯总统成功的秘诀。我们真核细胞始祖的成功秘诀也是如此。

但是线粒体并不是我们基因社会里唯一的阴影区域。在第十章里，我们会探索另一个阴影世界，它活在我们社会的核心处——这并非由于它有多重要，而不过是因为它能做到。

THE
SOCIETY OF GENES

第十章

注定赢不过不劳而获者

只有逝者才能看到战争的结束。——柏拉图

　　所有社会都有不劳而获的人，还记得杰瑞·宋飞（Jerry Seinfeld）的邻居克雷默（Kramer）吗①？他总是找杰瑞蹭吃蹭喝。有一集里杰瑞不小心受伤了，流了很多血。克雷默为杰瑞输血救了他。"哥们，你的身体里有三品脱克雷默的血液哦。"克雷默告诉刚刚在医院里醒过来的杰瑞。但是杰瑞却不怎么高兴："我能感觉到他的血就在我的身体里，从我的血液里借东西。"

　　人类基因社会最古老最早合作的基因中有一些要追溯到我们的真细菌始祖，其余的这些基因则要追溯到古细菌。每个基因都必须为构建或者运行人体这个生存机器做贡献，体现其存在价值。这至少是本书目前为止所讲述的所有内容的前提。但是为集体做贡献并不是基因生存的唯一策略。

　　如果我们找出每个对集体有用的基因，包括管理所有基因的开关，计算一下这些基因所对应的 DNA 字母数目，就会发现这一数目加起来不到基因组的三分之一。人体 DNA 里有一大部分基因并不参与维持基因社会。那些对集体有用的基因里不仅包括本书一直讨论的重点——20000 个蛋白质编码基因，还包括人们认为对人类适合度有贡献的其他基因区域。如果剩下的基因对人体健康和成功繁衍没有作用的话，那么这占据人类基因组绝大多数的 40 亿字母是做什么的呢？它们为何存在呢？

　　要回答这个问题，我们要先看看这些占基因组绝大部分的序列。你基因组里不下 15% 的基因对应一个特殊的字母序列，并复制出了 50 万份拷贝。要想全面地看待这一现象，先想象一下你去纽约公共图书馆，发现 120 万本藏书中，有 18 万其实是一样的。多浪费书架啊！你基因组里那 50 万个

---

　　① 这句中的两个人都是美国著名情景喜剧《宋飞正传》（*Seinfeld*）中的人物。

拷贝并不完全一样，有些有99%的字母是一样的，有些差距稍大。

　　前面在讨论DNA字母序列的相似性的时候，我们将之看作是拥有共同祖先的信号，一个人头发的颜色和鼻子的形状可能表明他的血统。这里也一样：这50万份拷贝如此相似，只能说明它们源自同一个祖先。所有这些元件都能追根溯源到一个模板序列，这个模板早在几百万年以前在我们某个灵长类祖先的基因社会里就已经存在了（见图10.1）。

　　因此，你基因组里面的这些拷贝组成了一个大家族，然后分化成小家庭，每一个拷贝都是由之前的拷贝倍增而来。这和我们前面讨论过的基因重复一样，尽管其倍增的具体机制略有不同。每个拷贝的变异都来自基因突变的累积：每个拷贝可能会有一些细微的改变，然后又遗传到后来的新拷贝里。

图 10.1：图为 LINE1 元件的家族树原理示意图。"叶子"代表基因组里现存的 LINE1 拷贝；深颜色的圆圈代表仍然有功能的 LINE1 拷贝；每个分叉点代表一次倍增。家族树树干对应的是最早加入人类基因社会的 LINE1 序列。

底线

这些序列被称为 LINE1（long interspersed element type 1，长散在核元件 1）。它们是基因，但是是特殊的基因。每个完整的 LINE1 都有 6000 个字母那么长。也有许多缩短的副本，它们只保存了末端。LINE1 的字母序列并不是随机的：一个完整的 LINE1 序列控制着三种简单的功能，这三种功能组合在一起能实施一个有效的程序，包括管理 RNA-DNA 转换器和切断 DNA。

这个程序的管理部分并不编码蛋白质，这个区域与人类中有用的基因前端常见的一种信号非常相似。这种信号诱导 DNA 读取机器，也就是聚合酶，将 LINE1 复制到一个信使 RNA 中。其他两个 LINE1 功能性区域则编码一个蛋白质。

RNA - DNA 转换器就像一个逆向工作的聚合酶，它从一段 RNA 中复制一个 DNA 拷贝。细胞本身就有一个这种机器对正直的基因社会成员进行这种转换，即我们在第一章讨论过的端粒酶，它能重建因细胞分裂而缩短的染色体末端。由 LINE1 编码的其他蛋白质，即 DNA 断裂器能切断一条染色体的双螺旋。基因社会中的正直成员里同样也包括有这类蛋白质，比如说，在生产精细胞和卵细胞的准备工作中，将基因组的两半进行混合所需的重组过程就是由这类蛋白质推动的（参见第三章）。

这个三基因序列执行的程序是这样的：启动子招募细胞的聚合酶，聚合酶生产一个完整的 LINE1 序列的 RNA 拷贝。这个 RNA 拷贝冒充为一个有用的 RNA 转录产物，而天真的细胞机器则将之用作一个模板，生产出两个蛋白质。新生产出来的 RNA - DNA 转换器蛋白质随后俘获生产它的 RNA 分子，并把它又复制成 DNA。为了在细胞里的几百万个 RNA 中找到 LINE1 的 RNA，RNA – DNA 转换器蛋白质会使用一种"条形码"，即 LINE1 末端的一个特定字母序列。最终 DNA 断裂器蛋白质随机切断基因组，然后在切口插入新生产的 DNA 拷贝。

至此，LINE1 元件便已借助不明真相的有用基因，有效地将自己复制粘贴到了基因组的另一个区域里。因此，LINE1 完全可以被称为"自我复制／粘贴者"（见图 10.2，左）。只需要运行一遍这个简单的程序，LINE1 就能在基因社会里繁衍，直到它的拷贝数量超过了其他所有社会成员的数量。这就是为什么如今你的基因组里有几十万个 LINE1 拷贝的原因。

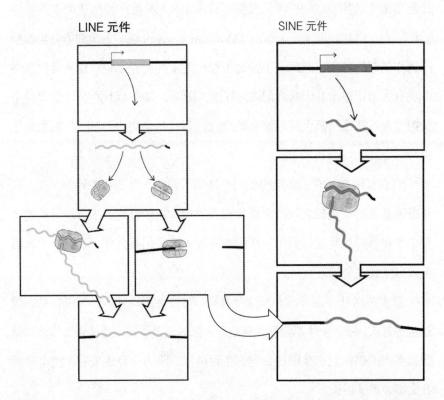

LINE 元件　　　　　　　　　　　　SINE 元件

图 10.2：LINE1 元件（左）能自我复制并粘贴回基因组里，确保它们在基因组里不断扩增。SINE 元件（右）通过占 LINE1 蛋白质的便宜使自己被复制并粘贴回基因组里。

尽管 LINE1 对基因社会的成功并没有任何贡献，但是它们也有自己的功能———一种保证自己生存的功能。如果一个基因社会只有一个 LINE1，一旦这个 LINE1 由于基因突变而失活，那么它命不久矣。

但是如果一个基因社会里有很多活跃的 LINE1 拷贝，那它们就不可能会被偶然的突变清除出局。哪怕基因突变使一个 LINE1 衰弱了，新的 LINE1 通过复制／粘贴机制又诞生了。只要 LINE1 倍增的速度快于清除的速度，LINE1 家族就不会衰亡。根据人类基因组现有的 50 万个 LINE1 拷贝来看，LINE1 的倍增速度的确非常快。

为什么基因社会会容忍这么猖獗的复制呢？ LINE1 不劳而获，给基因社会增加了负担。LINE1 不只转移了读取 DNA 和生产蛋白质的细胞机器的注意力，使其转而满足 LINE1 自私的目的，还占据了每次细胞分裂都要维持和复制的基因组空间。不过对于现代人及其祖先来说，这一负担显然并没有大到让整个基因社会崩溃的程度，所以 LINE1 代代相传。如果这个负担过大，那么携带大量 LINE1 的个体的后代就会更少，LINE1 的数量也就会减少。

所有基因都对它们构建的生物个体毫不留恋，全部遗传到下一代。但是普通基因对于它们之间的合作却相当依赖。我们看到，基因能够构建一整个生物体并凭此遗传到下一代的唯一方式就是相互合作，没有一个基因能独自完成这个任务。

资本主义社会运行方式和这个类似：在公平的规则内，可以自私，通过这种方式，每个个体都为整体利益最大化做出了贡献。通过为集体做贡献，普通基因能确保它在基因社会里的生存地位，因为一旦失去它，整个基因社会都会遭受损失。

　　尽管所有基因可能都有一个自私的动机，即让自己成功遗传到下一代，但是 LINE1 是一个特例：它们纯粹就是来不劳而获的。它们的谋生之道不是让自己成为有用之才，而是让自己在基因组里的扩增速度大于被除去的速度。由于这种策略行之有效，它们没有必要以其他的方式为自己的存在找理由。只要它们坚持不懈，它们不必为所在的个体做贡献。

　　记得吗，你的基因组里只有 30% 的基因是有用的基因。剩下的 70% 里，LINE1 占了不到 1/4。那剩下的基因组是怎么回事？其中一部分其实是被另一个不劳而获的家族——Alu 家族占据了。你的基因组里有整整 100 万份该家族基因的拷贝。每个 Alu 大约有 100~400 个 DNA 字母那么长。它们的数量比 LINE1 多，但是长度比 LINE1 短。

　　Alu 占你基因组的 10%。它们是怎么谋生的呢？ Alu 是一个名为 SINE（short interspersed element，短散在核元件）的大家族的成员。Alu 和 LINE1 类似，但是缺少 LINE1 中的一段序列。这种区别也暗示了二者不同的生存策略：尽管 Alu 和 LINE1 很像，但是 Alu 比 LINE1 还要狡猾。

　　和 LINE1 一样，每个 Alu 前端都有"请读我"的信号，骗聚合酶来生产 RNA 拷贝。此外，每个 Alu 都有和 LINE1 一样的短"条形码"序列。这就是它们之间全部的共同点了。其实，这两个信号就是 Alu 的全部家当。它不编码蛋白质，也没有 RNA-DNA 转换器或者 DNA 断裂器。那么，Alu 是怎样自我扩增的呢？

　　回想一下，LINE1 的 RNA-DNA 转换器用一个条形码来辨认它自己的 RNA，而所有的 Alu 都有一个一模一样的条形码拷贝。这就使 LINE1 蛋白机器误将 Alu RNA 当作 LINE1 拷贝，并将 Alu RNA 转换为 DNA。如此一来，Alu 能通过 LINE1 DNA 断裂器切开的切口插入到基因组里。因此，

Alu不仅占基因社会里正直成员的便宜，除此之外，它们还占LINE1的便宜！（见图10.2，右）这一策略是成功的，Alu通过占别的基因的便宜而生产出的那么多拷贝就是明证，Alu不劳而获的能力已经到达一个新的高度。

Alu是怎么演化而来的呢？一个可能性是：有一个LINE1元件不小心弄丢了它的蛋白质编码部分，但是在有这部分的亲戚的帮助下活下来了。不过还有一种可能。想象一个有用的基因的一个拷贝，它是基因社会的多余成员，它的命运对基因社会毫无影响。现在假设一个LINE1元件碰巧只有一部分被复制回了DNA，其末端包含的条形码被插入到了有用的基因多余的拷贝里。这个基因已经有了一个吸引分子机器来读取DNA的信号。就这样一个不小心，这一新基因成了揩油大师：它被细胞聚合酶读取，然后复制成DNA，再被LINE1蛋白质插入到基因组中。根据实际情况来看，Alu的演化很有可能是第二种，因为它的"请读我"信号和其他基因的"请读我"信号很相似。

Alu并不是独一无二的揩油大师。如果一个基因社会成员发现了这个系统的空子，别的成员怎么可能不学呢？和Alu搭LINE1的顺风车一样，另一个名为MIR的不劳而获家族利用另一个LINE家族（LINE2）来制造拷贝。所有SINE和LINE家族加在一起占了人类基因组的整整1/3，是基因组里有用基因的数目的1万倍。基因组里不劳而获的基因还不止于此。还有其他不劳而获的家族，每个都是通过搭顺风车的方式利用基因社会并遗传到下一代，但是却不为这个社会做贡献。

尽管我们基因组2/3的地盘被不劳而获者占领，但是和其他物种比起来，我们还算幸运的。一个普通洋葱的基因组里满满地挤着近300亿个字母，是我们基因组字母的5倍；有些变形虫的基因组是人类基因组大小的百倍。

这些为数众多的 DNA 字母里，大部分是不劳而获的基因，就像人类基因组里的 LINE 和 SINE 一样。基因组能够容忍的不劳而获者数量取决于该生物的生活方式。

那我们和洋葱还有变形虫之间的共同点是什么呢？我们基因组里不断积累起来的这些垃圾其实只表明，在演化史上，我们大多数时候都是生活在聚居的小群体中的。在小群体里，自然选择的效率稍有下降，概率的作用更大。因此，在基因社会中，给携带者小小地增加了一些负担的自私成员其存活的概率更高。从某种程度上讲，我们基因组的大小反映了一个事实，即直到几千年以前，人类一直是以小群体聚居的形式生活的。

LINE1 DNA 断裂器对你染色体的切割多少是有些随机成分的，但是 LINE1 和 Alu 的重复拷贝并不是平均分布在你的整个基因组里的。例如，我们在第七章讨论过，基因组里有一片区域包含一个大的同源异形基因簇，它们负责在胚胎发育阶段建立形体构型。这个区域就完全没有不劳而获的基因。

难道不劳而获者知道打扰这里的基因就会摧毁它们赖以生存的生物体，因此有意对这片区域敬而远之吗？这是不可能的。不劳而获者是不折不扣的骗子，它们不会放过任何区域，就像随机突变改变字母时不会有任何偏向性一样。但是在其他突变中，负选择发挥了作用。

一个不劳而获的基因会尝试几百万次试图将它的拷贝插入到一个同源异形基因里，只要有一次成功，就会导致基因组无法构建一个功能正常的生物体。在同源异形基因簇中插入基因会给整个基因组带来灾难，指望着搭顺风车的新不劳而获基因拷贝一样无法逃脱这场灾难。

圣马可的拱肩

但是不劳而获的基因对基因社会而言真的没有任何好处吗？难道 LINE1 和 Alu 臭名昭著的出身让它们连偶尔起点作用都不可以吗？由于自然选择会把握住对适合度有益的变异，因此你基因组里数不胜数的不劳而获者似乎不大可能一点作用都没有。

的确，我们在越来越多的单个不劳而获基因中发现了它们的有用之处。它们有些能通过将自身插入基因组使得基因扩展，从而促进了基因的演化。在另一些情况下，一些不劳而获者元件插入到了基因的调控区域，从而改变了该基因的管理者用于开启和关闭该基因的分子开关，于是，该基因被读取的时间可能会因此发生改变。在极个别情况下，这种不劳而获的元件会使该基因对其携带者的适合度贡献作用更大，这种特殊的不劳而获者本身也会成为基因社会的有用成员。还有时候，一个不劳而获的元件插入了基因组，其"请读我"信号可能会帮助一个新基因吸引聚合酶机器，如此一来，这个不劳而获的元件也会变成有用成员。

我们来看一个全然不同的例子：企鹅的鳍肢①。它们的鳍肢是由翅膀演化而来，如今已经不用于飞行了。著名的演化生物学家史蒂芬·J. 古尔德（Stephen J. Gould）说过，鳍肢是拓展适应的结果——它们是经过修改而来的，最初的目的与现在完全不同。同样，一个不劳而获的 DNA 不小心有了新功能，这也是一种拓展适应。它原来的策略是进行自我倍增，但不小心插入到基因组里的一个恰当位置上后，它拓展出了一个对机体有益

---

① 鳍肢（flipper）：此处指企鹅的前肢（即通俗上认为是企鹅"翅膀"的地方），是适应于水中生活的运动器官，起着推进、平衡和导向的作用。

的新功能。

但是最初这个元件得以在基因组中一直存活的唯一原因是占其他基因便宜，认识到这一点很重要。由于大多数不劳而获者不会给有机体带来任何益处，因此它们一直存在的最好的解释就是：不是因为它们认真履行自己的职责，而是因为它们善于复制自己。就像克雷默一样，它们都是来蹭吃蹭喝的，哪怕有的时候它们的行为会给机体带来好处也无法改变这一事实。不劳而获者不断整合到基因组里，使基因社会里出现一连串的新变异。由于变异这么多，总会有些时候，有那么一个不劳而获者带来的变异是有用的。

许多生物学家仍然迫切地想为不劳而获的基因找个功能。这与其说是在研究生物学原理，还不如说是在揭示心理学现象。也许我们更愿意相信我们基因社会的演化是高效而有序的，而不是像本章中所描述的那样杂乱无章，到处是无用的基因。

每一份好的科学报告都会讲述一个扣人心弦的故事，在所有关于LINE或SINE家族的报告中，故事线都是这样的：我们以为所有的LINE（或者SINE）都是白吃白喝的无用元件，但结果我们发现有些拷贝有助于提高机体的性能。这显然是一个引人入胜的故事，但是如果暗示所有白吃白喝的基因都是有用的，那便是误导了。

有一个先入之见认为，生物的一切都有某种适应性优势。史蒂芬·J.古尔德试图揭穿这一成见。他认为一个结构可能保有对自身而言毫无用处的特点，或者说，这些特点反映了某种特定的限制条件。

古尔德用了一个建筑图案——拱肩来阐释这个观点。拱肩是两个拱形之间或者一个拱形与一个长方形之间的三角形部分（见图 10.3）。许多教堂，比如威尼斯的圣马可教堂，通常会用大量装饰图案盖住这些拱肩。当然，为这些装饰腾出空间并不是这些拱肩的初衷——它只是结构限制的结果，后来扩展适应发展出了装饰功能。同样，我们基因社会的不劳而获者也是自然选择在基因组中留下的一个现象。其中有一些可能扩展适应出新功能，但那并不能否认它们最初纯粹只是不劳而获者这个事实。

图 10.3：图为拱肩——两个拱形之间的三角区域。拱肩的存在是由于结构原因，但是它经过扩展发展成为了装饰元素。

生命最古老的敌人

SINE 和 LINE 让我们瞥见了无处不在的不劳而获者是如何生存的。不劳而获者利用基因社会的方法可能会让你想起来我们在第二章讨论的病毒。病毒是不劳而获界的鼻祖，它在我们熟悉的细胞生命之外创造了一个巨大且出奇复杂的阴影世界。事实上，病毒世界极为庞大。倘若将地球上所有的基因组加在一起，病毒基因组要占据其中的绝大多数。尽管病毒基因组很小，但是数量是所有其他基因组总和的 9 倍。

和 LINE 和 SINE 类似，病毒也会重新设定你的细胞机器，使之为病毒复制拷贝。但是有的时候病毒可能会先隐藏起来，等待适当的时机出击。一个疱疹病毒可能会小心翼翼地绕过你的免疫系统，伪装起来钻进你的神经细胞。它们并不会立马就展开工作，而是进入一个"睡眠"阶段，静静蛰伏几个月甚至几年。

可能有一天——也许是当它注意到你的免疫系统因为流感忙得不可开交的时候——它就苏醒了，然后迁移到你的皮肤上，在那里繁衍，引起唇疱疹和水疱。唇疱疹和水疱一旦被挤破，就会喷出很多病毒拷贝。当患者和他人有近距离接触，这个小小的病毒基因组就会传播到一个新的宿主身上，并开始在毫无防备的新宿主那里搞破坏，周而复始。

有些类型的病毒性感染是某些特定癌症的重要诱因。大多数导致癌症的病毒要么直接编码一个基因，使被感染的细胞突破身体抵御癌症的八道防线（参见第一章）；要么在人体某个能够诱发癌症的基因（即潜在的致癌基因）的调控区域中插入一个病毒序列，从而改变这个基因的表达水平。

这样一来，病毒就使受感染的细胞离癌症更进一步了。由于发展成癌症一共需要好几步，因此并不是所有感染了这些病毒的人最后都会得癌症。比如说，人乳头瘤病毒有时会导致生殖器疣，但它们的大多数携带者并没什么严重的症状。但是几乎所有的宫颈癌——女性中第二常见的癌症都是这种感染引起的。当癌细胞分裂时，子细胞也会继承病毒副本。通过这种方式，有些特定病毒的复制场所可能会越来越多，因此它们会从致癌行为中获益。

病毒并不只袭击人类和其他动物或者细菌，它们对所有细胞生命，包括植物、真菌、单细胞生物等都是祸害。在真细菌里，休眠病毒有时候会采取比疱疹病毒还要卑鄙的策略。它们悄悄地进入一个细菌细胞，将自己的DNA插入到细菌基因组里。无论细菌什么时候分裂，其子细胞的基因组里都会遗传有病毒的拷贝。只要细菌的生活高枕无忧，子孙繁茂，休眠病毒就能从中获益。但是当细菌遇到问题的时候，比如说闹饥荒了，休眠病毒就会在寄主死亡之前逃走。它们醒来并劫持细胞机器，将之变为一个大量生产病毒的工厂，直到细菌力竭而死或者在这些病毒逃离宿主时被杀死。

虽然细胞生命的形式多姿多彩、数不胜数，但是病毒的种类比细胞生命还要令人目不暇接。关于这方面有个有趣的例子，那就是病毒基因组中多种多样的数据储存系统。所有的细胞生命都是以双链DNA螺旋的形式来储存基因组信息的。原则上来讲，同样的信息也可以单链DNA、单链RNA或者双链RNA的形式来储存，但是动物、植物、真菌和细菌都选择了使用双链DNA。所有的细胞生命形式都只是将RNA用作临时用途，或是当成信使，或是行使细胞内的某种特定功能。但是在病毒世界却不是这样的，病毒启用了所有可能的基因储存系统。有些病毒使用双链DNA，有些使用非配对的单链DNA，还有一些使用双链或者单链RNA。如果再算上从单链DNA或者RNA上读取基因信息的不同方法，那么病毒一共有7种完全不同的基因储存系统。

病毒有几百万种不同的形状和大小，如此丰富的多样性在细胞生命中是前所未见的。最惊人的是，这么多病毒竟然连一个共同基因都没有。这和细胞生命又形成了鲜明的对比。大约有50个基因是所有细胞所共有的，这些基因编码了打开DNA的机器、解读DNA的聚合酶、生产蛋白质的核糖体，这些都是所有细胞生命形式的基因社会都拥有的成员。

为什么在病毒里不是这样的呢？比如为什么没有一种为病毒的蛋白质外壳编码的通用病毒基因呢？不仅不同的病毒制作外壳的方式不一样，有些病毒甚至根本不需要编码外壳的基因。这些病毒占不劳而获者的便宜，它们不仅是人类细胞的寄生虫，还是它们病毒近亲的寄生虫。它们和近亲病毒一起入侵细胞，骗取其近亲生产外壳蛋白质的指示来生产自己的外壳，就像Alu占LINE1的便宜一样。每种病毒的基因之所以各不相同，可能是因为它们不劳而获的天性——原则上来讲，它们可以利用受害者的基因来完成每个核心功能，自己也就不需要拥有行使核心功能的通用基因了。

大多数病毒基因组编码的不过是少数几个基因，来提供宿主中尚未编码的功能。但是，也有一些巨型病毒，它们的基因组有几百万个字母那么长，储存了1000多个基因。这些大型病毒的复杂程度和某些只能生活在宿主细胞里靠吃白食生存的细菌相当。这些病毒的繁衍方式也和这些细菌所采取的策略极为相似，但有一个重要的区别：病毒无论大小，为了入侵细胞，它们都会放弃自己的外壳，只保留基因组；而当寄生生存的细菌进入宿主时，细菌是完整无缺的——基因组和细胞壁都会进入倒霉的宿主细胞里。

但是按理说，病毒基因组根本不需要编码蛋白质的基因。就拿类病毒

（viroid）为例，它的生活方式和病毒非常相似，但是它不会把自己装进一个壳里——类病毒是由RNA组成的基因组，它们毫无束缚，活动自由。这些基因组只有300个字母那么长，而且它们根本不编码任何蛋白质。类病毒基因组其实只包含一些操作指示，操纵它们受害者的细胞机器来生产类病毒拷贝，并直接以RNA的形式四处传播。不过你不必害怕类病毒：就目前所知，类病毒只感染植物。

据我们所知，所有的细胞生命都源自同一先祖基因社会。一个有力的佐证就是有大约50个基因是所有的细胞生命形式所共有的。那病毒是怎么回事呢？它们是否也源自同一病毒祖先呢？而且，是先有病毒还是先有细胞呢？由于病毒依靠我们的蛋白质生存，我们很难想象一个只有病毒的世界。但是有证据表明，也不是先有细胞。其实很有可能，在生命的初始，细胞和病毒有着共同的起源，而两者间史诗般的战役从那时起就开始了。

入门生物学

我们如今所知的生命是复杂的，但是最初的生命一定是非常简单的，否则它当初不可能出现。在今天的细胞里，DNA和RNA储存信息，同时蛋白质负责细胞内部大多数的分子功能。这些分子中，哪种是最先演化出来的呢？是使信息能够传给下一代的DNA，还是加工这些信息的蛋白质？这是否是一个经典的鸡与蛋的问题呢？我们并不知道确切的答案。

关于这些问题，有很多彼此矛盾的学说，目前仍是众说纷纭，莫衷一是。由于我们现在是在讨论40亿年前某个未知的地方发生的事，我们可能永远都无法百分之百确定。不过，为了了解生命是如何演化的，我们来看看我们目前能够得出的最佳推测。

由于 RNA 字母 A 和 U（后者对应 DNA 里面的 T）以及字母 G 和 C 倾向于结合在一起，RNA 字母的序列能够对自身进行折叠。通过这些折叠，一个 RNA 分子呈现出一个由字母序列编码的三维形状，就像组成蛋白质的氨基酸链能够自发折叠成其蛋白质结构一样。根据折叠后 RNA 的具体形状，其产生的分子可以变成一个小型分子机器，就像促进特定化学反应的酶一样。所以说，今天蛋白质的很多功能原则上来讲是可以由 RNA 分子完成的。核糖体是如今的生物里的蛋白质生产机器，它的一大部分也是由 RNA 组成的。

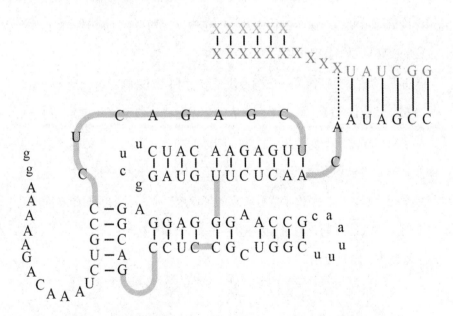

图 10.4：图为一个能复制 RNA 的 RNA 分子。图中平行的水平线和垂直线表明互补 RNA 字母（A–U 和 C–G）之间的结合，这种结合赋予了 RNA 分子标志性的特殊的形状。灰色的 RNA 字母代表一段被复制了的 RNA，X 代表任意一个字母。本图改编自沃赫纳（Wochner）发表于 2011 年的科学论文。

因此，RNA能同时既编码可遗传信息，又充当分子机器。这种双重身份使一条RNA有可能（至少从理论上讲有可能）既携带可遗传信息同时也催化自身的复制（见图10.4）。所以，最初编码基因信息的分子和执行功能的分子之间也许并没有明显的区别。在DNA、蛋白质和细胞壁出现之前，一个"生命"世界可能完全由RNA构成。

这些RNA复制因子[①]可能是在哪儿演化的呢？生命是需要能量来源的，所有能用以维持生命的能量最终只来自两处：太阳光线（可通过植物、藻类和一些细菌的光合作用被利用）或者是地热过程产生的化学能。光合作用需要一个复杂而特化的机器，所以不可能成为早期生命的支撑。不过，在大洋底部，海底热泉喷发出高温且蕴含丰富化学物质的液体，这些液体与冰冷的海水混合，这个过程中发生的化学反应和当今生命形式中心代谢过程的某些重要部分很相像。

细胞的能量生产需要一层两边质子浓度不同的薄膜，这就是为什么动植物需要线粒体来支撑它们丰富多彩的生命形式（参见第九章）。但是由深海热泉自然形成的质子浓度差也有同样的功效。因此，生命似乎很有可能始于海底热泉周围岩石上的孔洞里。我们可以想象第一批RNA分子自发地聚在一起，在这个化学成分丰富的环境里形成了早期的原始基因社会。只要有足够长的时间，就可能会出现第一个RNA复制因子。它一旦出现，就会不断进行自我复制。

---

① 复制因子（replicator）：此处指能复制RNA分子的RNA分子。

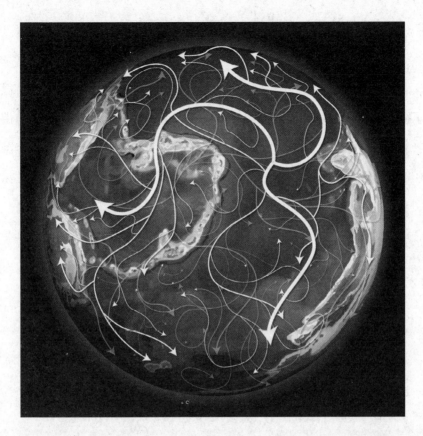

图 10.5：生命最初可能形成于深海热泉旁岩石上的小孔洞里，在这些小孔洞里形成了早期基因社会的关系网。这一早期的基因社会很可能是由松散地聚在一起的 RNA 分子组成的。随着细胞膜的出现，生命再不受其岩石发源地的限制，开始征服海洋，后来又征服了广袤的大陆，演化出了我们今天所看见的多姿多彩的生命世界。

　　在这种最早期的基因社会里，不劳而获者肯定极为猖獗。第一批能对它们自己进行复制的 RNA 分子很可能无法分辨自己的同类和其他 RNA 序列。因此，它们不仅对同类进行了复制，还复制了它们遇到的别的 RNA。

　　不劳而获的 RNA 随着复制因子的增加而不断扩增，这给复制因子造成了很大的压力。这些不劳而获者成了第一批类病毒，也就是后来的病毒的先驱。为了甩掉多余的负担，复制因子就得让那些不劳而获者离自己远点。

有一个复制因子设法用生物膜将自己围了起来，这样既能让食物进来，又能隔离不劳而获者。和它那些仍被不劳而获者困扰的同伴相比，它获得了很大的优势。这样发明出来的细胞膜有一个有趣的副作用：它使其携带者能够在保持自身完整性的情况下离开岩石孔洞。细胞膜形成了一个容器，使里面的基因社会可以走出岩洞，到周边的海洋甚至更远的地方去闯荡（见图10.5）。剩下的就是大自然的演化史了。

结语

THE
SOCIETY OF GENES

鉴于全书是一本长篇的论争，因此我把主要的事实和推论再简略地复述一下，可能会给读者带来一些方便。

——查尔斯·达尔文

达尔文将其巨著《物种起源》称为"一本长篇的论争"。达尔文在书中提出，所有的生命都是从同一起源通过自然选择演化而来的。达尔文明白，这种看法离经叛道，要想得到重视，必须有无懈可击的证据才行。他在书的开篇就解释了自然选择法则，接下来又用来自于地质学、化石、动物育种、发育生物学、分类学等各个方面的例子来支持自然选择学说。

他精心列出了这些例证，无比清晰地描绘出了一幅演化的图景。正是其精心安排的论据使得自然选择这一发现的大多数功劳都归于了达尔文，但是其他人（尤其是与达尔文生活在同一时代的艾尔弗雷德·拉塞尔·华莱士）也曾独立提出过相似的概念。

本书也是一本长篇的论争，展现了将一个物种的基因构成视作一个基因社会这一观点的强大解释力。正如道金斯的"自私的基因"理论，我们也将基因视为自然选择的影响对象。然而，我们将重点转移到了基因间的关系上，即基因在运转它们的生存机器——即我们人类时，彼此间的合作和竞争。

当我们的基因编码人体机能，比如减数分裂或人体防御系统时，基因之间会形成联盟。基因构成了一张错综复杂的关系网，每个基因在其中均可支持多项人体机能。尽管基因社会的演化常常不过是来自无处不在的随机性，但基因社会不会停滞不前。

当基因社会中的某部分与其主体分离开足够长的时间后，这种不断的变化会使分离出的部分形成新的基因社会——即新物种的分化。但在极少数情况下，基因社会也会融合，于是其复杂程度再创新高。当新成员通过复制加入基因社会或者从其他基因社会迁入时，变化也会随之产生。基因可以利用多种有效的相互作用手段得以继续存活，其中对基因增殖最有利的手段就是不劳而获。

在整本书中，我们重点解释了基因社会中的相互作用是如何影响单个基因的成功生存的，即从"经济的"角度来看待基因社会。但与此同时，我们也强调了历史视角下的基因社会。现存的生物是经历了长久的演化而来的。或者，正如从物理学改行的生物学家马克斯·德尔布吕克（Max Delbrück）所说："任一细胞所代表的事物并非仅仅是物质性的，而是历史性的……每个存活的细胞所承载的是其祖先十亿年来摸索得出的经验。"

这本长篇的论争跨越了历史的多个层面。首先介绍了在当前某生物内发生的演化过程（第一章、第二章），之后介绍了家族史（第三章）、人口的"国别"史（第四章、第五章）、新物种的产生（第六章、第七章）、动物的演化形成（第八章），以及由首个真核细胞的出现所划分的历史转折点（第九章），最后介绍了生命的起源（第十章）。回溯本书，可以看出，将基因活动视为一个社会十分有助于研究各种时间尺度下的演化过程。在讲述生命历程的整个过程中，我们一直以细菌作为人类的参照物。

我们从演化史中可以学到什么？从某个层面来讲，我们是自身基因社会的产物。因此，人体的诸多物理属性，如大脑的结构等，都是我们等位基因的产物。如此看来，作为具有自我意识的生命体，我们该如何对自己进行定位呢？我们的基因会影响我们的思维、感情、冲动。我们已经看到，理论上单个等位基因便可能足以让任何生物歧视其同类中的其他种群。我们的偏见是为了帮助我们自私的等位基因，而这对我们这些有意识的个人或整个人类都未必是件好事，意识到这一点十分重要。比尔·克林顿的看法很对，人与人之间的相同点早已超越了我们之间微小的差异。

我们并不只是受基因奴役的麻木的生存机器。当基因让我们的判断带有偏见时，我们必须做出决定，到底是任其发挥还是表明立场。在基因社会历史中的大部分时间里，资源总是相当短缺，因而使得那些促进损人利己行为的等位基因得到了自然选择的青睐。正是这一切造成了如今人们的损人利己行为，比如不由自主地无视街上无家可归的流浪汉。但是，与其盲目顺从这类不由自主的冲动，我们还可以有意识地做出更人性的选择，比如向流浪汉问声好甚至施与帮助。

基因社会对我们判断和选择的影响远远超过本书所介绍的少数几种基本过程。偏见同样存在于我们的决策中，譬如晕轮效应让我们从极有限的信息中得出过于自信的推断，这类偏见也根植于我们的基因中。正如丹尼尔·卡内曼（Daniel Kahneman）在其著作《思考，快与慢》中所述，如果我们能够意识到这种偏见，并据此调整自身思维过程，那么这将让我们做出更好的决策。

我们不仅要意识到做决策时的偏见，还要意识到基因社会数百万年来演化出的其他所有偏见，这样才能称得上是一个完全自觉的个体。在某些情况下，顺应自身的偏见对我们有益，例如，我们对某些有毒气味的厌恶感正是由基因所决定的。另外一些时候，我们必须自觉抵制自身基因所导致的偏见，正如我们在抵制种族歧视时所做的那样。

我们所生活的时代十分值得玩味。在过去几百万年中，我们的祖先一直顺应着基因社会，而地球上其他生命显然还依然如此。但我们却已然开始超越我们的遗传物质，渐渐扩大了我们要保护的对象范畴——从家庭延伸到了村庄和国家，继而延伸到了全部人类；当我们考虑到动物权利时，我们的保护范畴甚至延伸到了人类之外。

改述一首古老的赞美诗，那就是：基因社会使我们前行至此，但正是人性让我们在此刻回归。（It is the society of genes that brought us thus far, but it is our humanity that must now bring us home.）

致谢

THE
SOCIETY OF GENES

很早以前，多伦·兰塞特（Doron Lancet）就建议我们在以色列雷霍沃特的威兹曼科学院（Weizmann Institute of Science）执教，说这样会有助于本书的撰写。10 年后（我们都有工作要做），我们同时在海法的以色列理工学院（Technion-Israel Institute of Technology）和杜塞尔多夫海因里希·海涅大学（Heinrich Heine University）任教，为生物系、计算机科学系和人类学系的学生授课。我们颠覆了以往的课程内容，衷心感谢学生们的热情和反馈。

我们向我们优秀的经纪人马克斯·布罗克曼（Max Brockman）致以衷心的感谢，他一直耐心地指引我们完成本书的出版工作。

我们对基因以及基因间相互作用的了解，很大一部分来自这些年来与同事之间发人深省的探讨。我们尤为感谢佩尔·博克（Peer Bork）、安托万·当尚（Antoine Danchin）、查尔斯·德利西（Charles DeLisi）、布赖恩·哈勒（Brian Hall）、塔马·哈士松尼（Tamar Hashimshony）、克雷格·亨特（Craig Hunter）、劳伦斯·赫斯特（Laurence Hurst）、拉恩·卡夫里（Ran Kafri）、马克·基施纳（Marc Kirschner）、罗伊·基松尼（Roy Kishony）、尤金·库宁（Eugene Koonin）、多伦·兰塞特、埃里克·兰德（Eric Lander）、迈克尔·莱维特（Michael Levitt）、比尔·马丁（Bill Martin）、罗恩·米洛（Ron Milo）、乔鲍·帕尔（Csaba Pál）、鲍拉日·帕普（Balázs Papp）、利昂·佩什金（Leon Peshkin）、伊扎克·皮尔波（Yitzhak Pilpel）、本杰明·波得比利维兹（Benjamin Podbilewicz）、阿维芙·雷格夫（Aviv Regev）、丹尼尔·塞格雷（Daniel Segrè）和翁志萍（Zhiping Weng）。

我们要感谢阅读了本书的早期版本并提出意见的朋友和学生们：贾勒·阿维塔勒 (Gal Avital)、米夏尔·吉隆－亚奈 (Michal Gilon-Yanai)、弗拉德·格里什克维奇 (Vlad Grishkevich)、克劳斯·哈特曼 (Klaus Hartmann)、格林·凯斯曼 (Grün Kissenmann)、尼娜·柯尼普拉斯 (Nina Knipprath)、克劳迪娅·拉松 (Claudia Larsson)、韦罗妮卡·毛里诺 (Veronica Maurino)、阿舍·摩西 (Asher Moshe)、阿维塔勒·波尔斯基 (Avital Polsky)、约瑟夫·瑞安 (Joseph Ryan)、安东尼奥·罗德里格斯 (Antonio Rodriguez)、利昂娜·萨姆森 (Leona Samson)、亚历克斯·夏雷克 (Alex Shalek)、奥里·施皮格尔曼 (Ori Spiegelman)、弗洛里安·瓦格纳 (Florian Wagner)、阿西姆·万巴赫 (Achim Wambach)、帕梅拉·温特劳布 (Pamela Weintraub)、摩西·亚奈 (Moshe Yanai) 和拉谢尔·亚奈 (Rachel Yanai)，还有其他许多对《基因社会》提出宝贵改进意见的朋友们和学生们。

我们还要特别感谢贝蒂娜（Bettina）、克劳斯（Klaus）和布鲁诺·哈特曼（Bruno Hartmann），感谢你们在佩内杜的山上为我们提供了一个优美静谧的环境，让我们能够专注于写作。同时，感谢哈佛大学拉德克利夫高等研究学院（Radcliffe Institute for Advanced Study at Harvard Univesity）在本书的编辑阶段为我们提供一个良好的环境。

史蒂文·李（Steven Lee）为本书作了精彩的插画。尽管我们提出了很多次修改要求，但他一直都非常耐心。也感谢塔马·哈士松尼为本书提供了早期版本的插画。苏珊·琼·米勒（Susan Jean Miller）为编辑本书终稿做了大量出色的工作。我们的编辑托马斯·李贝安（Thomas LeBien），以及同在哈佛大学出版社（Harvard University Press）的迈克尔·费希尔（Michael Fisher）和劳伦·埃斯代尔（Lauren Esdaile）对本书的出版鼎力相助，特此感谢。

最后，感谢我们亲爱的伴侣和家人在我们创作本书的过程中始终如一的全力支持，这对我们而言尤为重要。

拓展阅读
THE
SOCIETY OF GENES

1. 八步轻松演化成癌

Buffenstein, R. 2008. Negligible senescence in the longest living rodent, the naked mole-rat: Insights from a successfully aging species. Journal of Comparative Physiology B 178:439-445.

Coyne, J. A. 2009. Why evolution is true. New York: Viking.

Darwin, C. 1897. The origin of species by means of natural selection, or the preservation of favoured races in the struggle for life. London: J. Murray.

Dawkins, R. 1996. The blind watchmaker: Why the evidence of evolution re- veals a universe without design. New York: Norton.

Dennett, D. C. 1995. Darwin' s dangerous idea: Evolution and the meanings of life. New York: Simon & Schuster.

Hanahan, D., and R. A. Weinberg. 2011. Hallmarks of cancer: The next generation. Cell 144:646-674.

Krebs, J. E., B. Lewin, S. T. Kilpatrick, and E. S. Goldstein. 2014. Lewin's genes XI. Burlington, MA: Jones & Bartlett Learning.

Lander, E. S., L. M. Linton, B. Birren, C. Nusbaum, M. C. Zody, J. Baldwin, K. Devon, K. Dewar, M. Doyle, W. FitzHugh, et al. 2001. Ini- tial sequencing and analysis of the human genome. Nature 409:860-921.

Lynch, M. 2007. The origins of genome architecture. Sunderland, MA: Sinauer Associates.

Tabin, C. J., S. M. Bradley, C. I. Bargmann, R. A. Weinberg, A. G. Papa- george, E. M. Scolnick, R. Dhar, D. R. Lowy, and E. H. Chang. 1982. Mechanism of activation of a human oncogene. Nature 300:143-149.

Venter, J. C., M. D. Adams, E. W. Myers, P. W. Li, R. J. Mural, G. G. Sutton, H. O. Smith, M. Yandell, C. A. Evans, R. A. Holt, et al. 2001. The sequence of the human genome. Science 291:1304-1351.

Watson, J. D. 2008. Molecular biology of the gene. San Francisco: Pearson.

Weinberg, R. A. 1998. One renegade cell: How cancer begins. New York: Basic Books.

———. 2007. The biology of cancer. New York: Garland Science.

Wolchok, J. D. 2014. New drugs free the immune system to fight cancer. Scientific American 310, no. 5. http://www.scientificamerican.com/article/new-drugs-free-the-immune-system-to-fight-cancer/.

Delaney, M.A., Ward, J.M., Walsh, T.F., Chinnadurai, S.K., Kerns, K., Kinsel, M.J. and Treuting, P.M., 2016. Initial case reports of cancer in naked mole-rats (Heterocephalus glaber). Veterinary pathology, 53(3):691-696.

2. 你的对手定义了你

Barrangou, R., C. Fremaux, H. Deveau, M. Richards, P. Boyaval, S. Moineau, D. A. Romero, and P. Hor vath. 2007. CRISPR provides acquired resistance against viruses in prokaryotes. Science 315:1709-1712.

Bartick, M., and A. Reinhold. 2010. The burden of suboptimal breast-feeding in the United States: A pediatric cost analysis. Pediatrics 125: e1048-1056.

Freeland, S. J., R. D. Knight, L. F. Landweber, and L. D. Hurst. 2000. Early fixation of an optimal genetic code. Molecular Biology and Evolution 17:511-518.

Goldsby, R. A., T. K. Kindt, B.A. Osborne, and J. Kuby. 2003. Immunology. 5th ed. New York: W. H. Freeman and Company.

Iranzo, J., A. E. Lobkovsky, Y. I. Wolf, and E. V. Koonin. 2013. Evolutionary dynamics of the prokaryotic adaptive immunity system CRISPR-Cas in an explicit ecological context. Journal of Bacteriology 195:3834-3844.

Janeway, C. A., P. Travers, M. Walport, and M. Shlomchik. 2001. Immuno- biology. 6th ed. New York: Garland Publishing.

Jones, S. 2000. Darwin's ghost: The origin of species updated. New York: Random House.

Judson, H. F. 1996. The eighth day of creation: Makers of the revolution in biology. Plainview, NY: CSHL Press.

Levy, A., M. G. Goren, I. Yosef, O. Auster, M. Manor, G. Amitai, R.

Edgar, U. Qimron, and R. Sorek. 2015. CRISPR adaptation biases explain preference for acquisition of foreign DNA. Nature 520:505–510.

Makarova, K. S., Y. I. Wolf, and E. V. Koonin. 2013. Comparative genomics of defense systems in archaea and bacteria. Nucleic Acids Research 41:4360–4377.

Mezrich, B. 2004. Bringing down the house: How six students took Vegas for millons. London: Arrow.

Rechavi, O., L. Houri-Ze' evi, S. Anava, W. S. Goh, S. Y. Kerk, G. J. Hannon, and O. Hobert. 2014. Starvation-induced transgenerational inheritance of small RNAs in C. elegans. Cell 158:277–287.

Sander, J. D., and J. K. Joung. 2014. CRISPR-CAS systems for editing, reg- ulating and targeting genomes. Nature Biotechnology 32:347–355.

Sorek, R., V. Kunin, and P. Hugenholtz. 2008. CRISPR—A widespread system that provides acquired resistance against phages in bacteria and archaea. Nature Reviews Microbiology 6:181–186.

Stern, A., L. Keren, O. Wurtzel, G. Amitai, and R. Sorek. 2010. Self-targeting by CRISPR: Gene regulation or autoimmunity? Trends in Ge- netics 26:335–340.

World Health Organization (WHO). Breastfeeding 2015. http://www.who.int/topics/breastfeeding/.

3. 性有何用?

Baym, M., T. Lieberman, E. Kelsic, R. Chait, and R. Kishony. 2015. The bacterial evolution experiment was carried out by these scientists at Har- vard medical school.

Burt, A., and R. Trivers. 2006. Genes in conflict: The biology of selfish genetic elements. Cambridge, MA: Belknap Press of Harvard University Press.

Dawkins, R. 1976. The selfish gene. Oxford: Oxford University Press.
Diamond, J. M. 1997. Why is sex fun? The evolution of human sexuality.

New York: HarperCollins.

Ellegren, H. 2011. Sex-chromosome evolution: Recent progress and the in- fluence of male and female heterogamety. Nature Reviews Genetics

12:157-166.

Flot, J. F., B. Hespeels, X. Li, B. Noel, I. Arkhipova, E. G. J. Danchin, A. Hejnol, B. Henrissat, R. Koszul, J. M. Aury, et al. 2013. Genomic evidence for ameiotic evolution in the bdelloid rotifer Adineta vaga. Nature 500:453-457.

Haber, J. E. 2013. Genome stability: DNA repair and recombination. New York: Garland Science.

Holman, L., and H. Kokko. 2014. The evolution of genomic imprinting: Costs, benefits and long-term consequences. Biological Reviews 89:568-587.

Kuroiwa, A., S. Handa, C. Nishiyama, E. Chiba, F. Yamada, S. Abe, and Y. Matsuda. 2011. Additional copies of CBX2 in the genomes of males of mammals lacking SRY, the Amami spiny rat (Tokudaia osimensis) and the Tokunoshima spiny rat (Tokudaia tokunoshimensis). Chromosome Research 19:635-644.

Murdoch, J. L., B. A. Walker, and V. A. McKusick. 1972. Parental age ef-
fects on the occurrence of new mutations for the Marfan syndrome. An- nals of
Human Genetics 35:331–336.

Ridley, M. 2003. Nature via nurture: Genes, experience, and what makes us
human. New York: HarperCollins.

———. 2011. Genome: The autobiography of a species in 23 chapters.
New York: MJF Books.

Stearns, S. C. 2009. Principles of evolution, ecology and behavior. http://
oyc.yale.edu/ecology-and-evolutionary-biology/eeb-122.

United Nations Population Fund. 2011. Report of the international work-
shop on skewed sex ratios at birth: Addressing the issue and the way for- ward.
New York: UNFPA.

Zimmer, C. 2008. Microcosm: E. Coli and the new science of life. New
York: Pantheon Books.

4. 克林顿悖论

Bhattacharya, T., J. Stanton, E. Y. Kim, K. J. Kunstman, J. P. Phair, L. P.
Jacobson, and S. M. Wolinsky. 2009. CCL3L1 and HIV/AIDS suscepti- bility.
Nature Medicine 15:1112–1115.

Bollongino, R., J. Burger, A. Powell, M. Mashkour, J. D. Vigne, and M.
G. Thomas. 2012. Modern taurine cattle descended from small number of near-
eastern founders. Molecular Biology and Evolution 29:2101–2104.

Burger, J., M. Kirchner, B. Bramanti, W. Haak, and M. G. Thomas. 2007.

Absence of the lactase-persistence-associated allele in early Neolithic Europeans. Proceedings of the National Academy of Sciences of the USA 104:3736-3741.

Falush, D., T. Wirth, B. Linz, J. K. Pritchard, M. Stephens, M. Kidd, M. J. Blaser, D. Y. Graham, S. Vacher, G. I. Perez-Perez, et al. 2003. Traces of human migrations in helicobacter pylori populations. Science299:1582-1585.

Ferreira, A., I. Marguti, I. Bechmann, V. Jeney, A. Chora, N. R. Palha, S. Rebelo, A. Henri, Y. Beuzard, and M. P. Soares. 2011. Sickle hemo- globin confers tolerance to Plasmodium infection. Cell 145:398-409.

Freedman, B. I., and T. C. Register. 2012. Effect of race and genetics on vitamin D metabolism, bone and vascular health. Nature Reviews Ne- phrology 8:459-466.

Graur, D., and W.-H. Li. 2000. Fundamentals of molecular evolution. Sun- derland, MA: Sinauer Associates.

Hancock, A. M., D. B. Witonsky, G. Alkorta-Aranburu, C. M. Beall, A. Ge- bremedhin, R. Sukernik, G. Utermann, J. K. Pritchard, G. Coop, and A. Di Rienzo. 2011. Adaptations to climate-mediated selective pressures in humans. PLoS Genetics 7:e1001375.

Jablonski, N. G. 2012a. Human skin pigmentation as an example of adap- tive evolution. Proceedings of the American Philosophical Society 156:45-57.

———. 2012b. Living color: The biological and social meaning of skin color. Berkeley: University of California Press.

Lander, E. S. 2011. Initial impact of the sequencing of the human genome.

Nature 470:187–197.

Levy, S., G. Sutton, P. C. Ng, L. Feuk, A. L. Halpern, B. P. Walenz, N. Axelrod, J. Huang, E. F. Kirkness, G. Denisov, et al. 2007. The diploid genome sequence of an individual human. PLoS Biology 5:e254.

Monod, J. 1971. Chance and necessity; an essay on the natural philosophy of modern biology. 1st American ed. New York: Knopf.

Weber, N., S. P. Carter, S. R. Dall, R. J. Delahay, J. L. McDonald, S. Bearhop, and R. A. McDonald. 2013. Badger social networks correlate with tuberculosis infection. Current Biology 23:R915–916.

Wells, S. 2002. The journey of man: A genetic odyssey. New York: Random House.

West, S. A., and A. Gardner. 2010. Altruism, spite, and greenbeards. Science 327:1341–1344.

5. 复杂社会中的随性基因

Bencharit, S., C. L. Morton, Y. Xue, P. M. Potter, and M. R. Redinbo. 2003. Structural basis of heroin and cocaine metabolism by a pro- miscuous human drug-processing enzyme. Nature Structural Biology 10:349–356.

Benko, S., J. A. Fantes, J. Amiel, D. J. Kleinjan, S. Thomas, J. Ramsay, N. Jamshidi, A. Essafi, S. Heaney, C. T. Gordon, et al. 2009. Highly conserved non-coding elements on either side of SOX9 associated with Pierre Robin sequence. Nature Genetics 41:359–364.

Collins, F. S. 2010. The language of life: DNA and the revolution in person- alized medicine. New York: Harper.

Danchin, A. 2002. The Delphic boat: What genomes tell us. Cambridge, MA: Harvard University Press.

Franke, A., D. P. McGovern, J. C. Barrett, K. Wang, G. L. Radford-Smith, T. Ahmad, C. W. Lees, T. Balschun, J. Lee, R. Roberts, et al. 2010. Genome-wide meta-analysis increases to 71 the number of con- firmed Crohn's disease susceptibility loci. Nature Genetics 42:1118-1125.

Ginsburg, G. S., and H. F. Willard. 2013. Genomic and personalized medi-cine. Waltham, MA: Academic Press.

Orel, V. 1984. Mendel. New York: Oxford University Press.

Orth, J. D., T. M. Conrad, J. Na, J. A. Lerman, H. Nam, A. M. Feist, and B. O. Palsson. 2011. A comprehensive genome-scale reconstruc- tion of Escherichia coli metabolism—2011. Molecular Systems Biology 7:535.

Rees, J. L., and R. M. Harding. 2012. Understanding the evolution of human pigmentation: Recent contributions from population genetics. Journal of Investigative Dermatology 132:846 -853.

Szappanos, B., K. Kovacs, B. Szamecz, F. Honti, M. Costanzo, A. Barysh-nikova, G. Gelius-Dietrich, M. J. Lercher, M. Jelasity, C. L. Myers, et al. 2011. An integrated approach to characterize genetic interaction networks in yeast metabolism. Nature Genetics 43:656-662.

Trinh, J., and M. Farrer. 2013. Advances in the genetics of Parkinson dis-ease. Nature Reviews Neurology 9:445-454.

Visscher, P. M., M. A. Brown, M. I. McCarthy, and J. Yang. 2012. Five years of GWAS discovery. American Journal of Human Genetics 90:7–24.

Weinreich, D. M., N. F. Delaney, M. A. DePristo, and D. L. Hartl. 2006. Darwinian evolution can follow only very few mutational paths to fitter proteins. Science 312:111–114.

Yanai, I., and C. DeLisi. 2002. The society of genes: Networks of functional links between genes from comparative genomics. Genome Biology 3:research0064.

Zimmer, C. 2008. Microcosm: E. coli and the new science of life. New York: Pantheon Books.

6. 猩人的世界

Abi-Rached, L., M. J. Jobin, S. Kulkarni, A. McWhinnie, K. Dalva, L. Gragert, F. Babrzadeh, B. Gharizadeh, M. Luo, F. A. Plummer, et al. 2011. The shaping of modern human immune systems by multiregional admixture with archaic humans. Science 334:89–94.

Barton, N. H., D. E. G. Briggs, J. A. Eisen, D. B. Goldstein, and N. H. Patel. 2007. Evolution. Cold Spring Harbor, NY: Cold Spring Harbor Laboratory Press.

de Waal, F. B. M. 2001. Tree of origin: What primate behavior can tell us about human social evolution. Cambridge, MA: Harvard University Press.

Ely, J. J., M. Leland, M. Martino, W. Swett, and C. M. Moore. 1998. Tech- nical note: Chromosomal and mtDNA analysis of Oliver. American Journal of Physical Anthropology 105:395–403.

Green, R. E., J. Krause, A. W. Briggs, T. Maricic, U. Stenzel, M. Kircher, N. Patterson, H. Li, W. Zhai, M. H. Fritz, et al. 2010. A draft sequence of the Neandertal genome. Science 328:710–722.

Lalueza-Fox, C., and M. T. Gilbert. 2011. Paleogenomics of archaic hominins. Current Biology 21:R1002–1009.

Lynch, M. 2010. Rate, molecular spectrum, and consequences of human mutation. Proceedings of the National Academy of Sciences of the USA 107:961–968.

Mikkelsen, T. S., L. W. Hillier, E. E. Eichler, M. C. Zody, D. B. Jaffe, S. P. Yang, W. Enard, I. Hellmann, K. Lindblad-Toh, T. K. Altheide, et al. 2005. Initial sequence of the chimpanzee genome and comparison with the human genome. Nature 437:69–87.

Pääbo, S. 2015. Neanderthal man: In search of lost genomes. New York: Basic Books.

Patterson, N., D. J. Richter, S. Gnerre, E. S. Lander, and D. Reich. 2006. Genetic evidence for complex speciation of humans and chimpanzees. Nature 441:1103–1108.

Reich, D., R. E. Green, M. Kircher, J. Krause, N. Patterson, E. Y. Durand, B. Viola, A. W. Briggs, U. Stenzel, P. L. Johnson, et al. 2010. Genetic history of an archaic hominin group from Denisova Cave in Siberia. Nature 468:1053–1060.

Specter, M. 2012. Germs are us. The New Yorker, October 22.

7. 关键是你怎么用

Bateson, W. 1894. Materials for the study of variation treated with especial regard to discontinuity in the origin of species. New York: Macmillan.

Benko, S., C. T. Gordon, D. Mallet, R. Sreenivasan, C. Thauvin-Robinet, A. Brendehaug, S. Thomas, O. Bruland, M. David, M. Nicolino, et al. 2011. Disruption of a long distance regulatory region upstream of sox9 in iso- lated disorders of sex development. Journal of Medical Genetics 48:825–830.

Carroll, S. B. 2005. Evolution at two levels: On genes and form. PLoS Biology 3:1159–1166.

Enard, W., P. Khaitovich, J. Klose, S. Zollner, F. Heissig, P. Giavalisco, K. Nieselt-Struwe, E. Muchmore, A. Varki, R. Ravid, et al. 2002. Intra- and interspecific variation in primate gene expression patterns. Science 296:340–343.

Gerhart, J., and M. Kirschner. 1997. Cells, embryos, and evolution: Toward a cellular and developmental understanding of phenotypic variation and evolutionary adaptability. Malden, MA: Blackwell Science.

Haesler, S., K. Wada, A. Nshdejan, E. E. Morrisey, T. Lints, E. D. Jarvis, and C. Scharff. 2004. FoxP2 expression in avian vocal learners and non- learners. Journal of Neuroscience 24:3164–3175.

Hunter, C. P., and C. Kenyon. 1995. Specification of anteroposterior cell fates in Caenorhabditis elegans by Drosophila Hox proteins. Nature 377: 229–232.

King, M. C., and A. C. Wilson. 1975. Evolution at two levels in humans and chimpanzees. Science 188:107–116.

McLean, C. Y., P. L. Reno, A. A. Pollen, A. I. Bassan, T. D. Capellini, C. Guenther, V. B. Indjeian, X. Lim, D. B. Menke, B. T. Schaar, et al. 2011. Human-specific loss of regulatory DNA and the evolution of human-specific traits. Nature 471:216 -219.

Milo, R., S. Itzkovitz, N. Kashtan, R. Levitt, S. Shen-Orr, I. Ayzenshtat, M. Sheffer, and U. Alon. 2004. Superfamilies of evolved and designed networks. Science 303:1538-1542.

Molina, N., and E. van Nimwegen. 2009. Scaling laws in functional ge-nome content across prokaryotic clades and lifestyles. Trends in Gene- tics 25:243-247.

Ptashne, M. 2004. A genetic switch: Phage lambda revisited. Cold Spring Harbor, NY: Cold Spring Harbor Laboratory Press.

Shen-Orr, S. S., R. Milo, S. Mangan, and U. Alon. 2002. Network motifs in the transcriptional regulation network of Escherichia coli. Nature Ge- netics 31:64-68.

Somel, M., X. Liu, and P. Khaitovich. 2013. Human brain evolution: Tran- scripts, metabolites and their regulators. Nature Reviews Neuroscience 14:112-127.

8. 剽窃、模仿和创新之源

Br-nd é n, C.-I., and J. Tooze. 2009. Introduction to protein structure. New York: Garland Science.

Carroll, S. B. 2006. The making of the fittest: DNA and the ultimate forensic record of evolution. New York: W. W. Norton.

Deschamps, J. 2008. Tailored Hox gene transcription and the making of the thumb. Genes & Development 22:293–296.

Gilad, Y., O. Man, S. Paabo, and D. Lancet. 2003. Human specific loss of olfactory receptor genes. Proceedings of the National Academy of Sciences of the USA 100:3324–3327.

Glusman, G., I. Yanai, I. Rubin, and D. Lancet. 2001. The complete human olfactory subgenome. Genome Research 11:685–702.

Kirschner, M., and J. Gerhart. 2005. The plausibility of life: Resolving Darwin's dilemma. New Haven, CT: Yale University Press.

Knight, R., and B. Buhler. 2015. Follow your gut: The enormous impact of tiny microbes. New York: Simon & Schuster.

Ohno, S. 1970. Evolution by gene duplication. Berlin: Springer–Verlag.

Pal, C., B. Papp, and M. J. Lercher. 2005. Adaptive evolution of bacterial metabolic networks by horizontal gene transfer. Nature Genetics 37:1372–1375.

Popa, O., E. Hazkani–Covo, G. Landan, W. Martin, and T. Dagan. 2011. Directed networks reveal genomic barriers and DNA repair bypasses to lateral gene transfer among prokaryotes. Genome Research 21:599–609.

Quignon, P., M. Giraud, M. Rimbault, P. Lavigne, S. Tacher, E. Morin, E. Retout, A. S. Valin, K. Lindblad–Toh, J. Nicolas, et al. 2005. The dog and rat olfactory receptor repertoires. Genome Biology 6:R83.

Schechter, A. N. 2008. Hemoglobin research and the origins of molecular medicine. Blood 112:3927–3938.

9. 阴影下那不为人知的生命

Bodeman, J. 2003. Act fifteen. Mister Prediction, interview in "20 Acts in 60 Minutes," show 241 on This American Life, air date July 11, 2003, National Public Radio.

Ciccarelli, F. D., T. Doerks, C. von Mering, C. J. Creevey, B. Snel, and P. Bork. 2006. Toward automatic reconstruction of a highly resolved tree of life. Science 311:1283–1287.

Koonin, E. V. 2012. The logic of chance: The nature and origin of biological evolution. Upper Saddle River, NJ: Pearson Education.

Koonin, E. V., and M. Y. Galperin. 2003. Sequence – evolution – function: Computational approaches in comparative genomics. Boston: Kluwer Academic.

Lane, N., and W. Martin. 2010. The energetics of genome complexity. Na– ture 467:929–934.

Margulis, L., and D. Sagan. 2002. Acquiring genomes: A theory of the origins of species. New York: Basic Books.

Martin, W., and E. V. Koonin. 2006. Introns and the origin of nucleus–cytosol compartmentalization. Nature 440:41–45.

Martin, W., and M. Mentel. 2010. The origin of mitochondria. Nature Education 3:58.

Timmis, J. N., M. A. Ayliffe, C. Y. Huang, and W. Martin. 2004. Endosymbiotic gene transfer: Organelle genomes forge eukaryotic chromo– somes. Nature Reviews Genetics 5:123–135.

van der Giezen, M., and J. Tovar. 2005. Degenerate mitochondria. EMBO Reports 6:525–530.

Woese, C. R., and G. E. Fox. 1977. Phylogenetic structure of the prokaryotic domain: The primary kingdoms. Proceedings of the National Academy of Sciences of the USA 74:5088–5090.

10. 注定赢不过不劳而获者

Doolittle, W. F., and C. Sapienza. 1980. Selfish genes, the phenotype paradigm and genome evolution. Nature 284:601–603.

Gould, S. J., and R. C. Lewontin. 1979. The spandrels of San Marco and the Panglossian paradigm: A critique of the adaptationist programme. Proceedings of the Royal Society of London B 205:581–598.

Gould, S. J., and E. S. Vrba. 1982. Exaptation; a missing term in the science of form. Paleobiology 8:4–15.

Gregory, T. R. 2005. The evolution of the genome. Burlington, MA: Elsevier Academic.

Kovalskaya, N., and R. W. Hammond. 2014. Molecular biology of viroid-host interactions and disease control strategies. Plant Science 228:48–60.

Martin, W. F., J. Baross, D. Kelley, and M. J. Russel. 2008. Hydrothermal vents and the origin of life. Nature Reviews: Microbiology 6:805–814.

Martin, W. F., F. L. Sousa, and N. Lane. 2014. Energy at life's origin. Science 344:1092–1093.

Orgel, L. E., and F. H. C. Crick. 1980. Selfish DNA—the ultimate parasite. Nature 284:604-607.

Wochner, A., J. Attwater, A. Coulson, and P. Holliger. 2011. Ribozyme-catalyzed transcription of an active ribozyme. Science 332:209-212.

结语

Delbr ü ck, M. 1949. A physicist looks at biology. Transactions of the Connecticut Academy of Arts and Sciences 38:173-190.